Robson Luiz Gaiofatto

DURABILIDADE DAS ESTRUTURAS DE

CONCRETO ARMADO

A importância do projeto estrutural da construção na durabilidade das estruturas.

EDITORA CIÊNCIA MODERNA

Durabilidade das Estruturas de Concreto Armado - A importância do projeto estrutural da construção na durabilidade das estruturas.

Editor: Paulo André P. Marques
Produção Editorial: Dilene Sandes Pessanha
Capa: Daniel Jara
Diagramação: Daniel Jara
Copidesque: Equipe Ciência Moderna

FICHA CATALOGRÁFICA

GAIOFATTO, Robson Luiz.

Durabilidade das Estruturas de Concreto Armado - A importância do projeto estrutural da construção na durabilidade das estruturas.

Rio de Janeiro: Editora Ciência Moderna Ltda., 2024.

1. Engenharia civil
I — Título

ISBN: 978-65-5842-397-3 CDD 624

Editora Ciência Moderna Ltda.
R. Alice Figueiredo, 46 – Riachuelo
Rio de Janeiro, RJ – Brasil CEP: 20.950-150
Tel: (21) 2201-6662/ Fax: (21) 2201-6896
E-MAIL: LCM@LCM.COM.BR
WWW.LCM.COM.BR **07/24**

Prefácio

É com imenso prazer que tenho a honra de escrever este prefácio, pois sei da relevância para o meio técnico brasileiro de um livro como este.

O autor, engenheiro civil com um excelente currículo de realizações na área de estruturas é também professor de Engenharia Civil em diversas instituições de ensino, e ao publicar este livro dá-nos uma valiosa contribuição de sua ampla experiência profissional.

Robson Luiz Gaiofatto, professor de gerações de engenheiros, especialmente na Universidade Católica de Petrópolis, onde ministra cursos desde a década de 1990, nos contempla com um texto claro e objetivo, redigido numa linguagem técnica de escol, que muito irá contribuir para orientar a confecção de projetos de concreto estrutural elaborados por profissionais experimentados e, sem dúvida alguma, ensinar as novas gerações os princípios básicos e as prescrições técnicas que devem ser atendidas para a garantia da segurança, qualidade, durabilidade e sustentabilidade atualmente requeridas num projeto estrutural.

Numa época em que os programas de computador, necessários e indispensáveis, estão a prevalecer na labuta diária de um engenheiro de estrutura, este livro nos mostra de maneira enfática que a falta de conhecimento técnico gera inconsistências e erros grosseiros no dimensionamento e detalhamento dos elementos de concreto estrutural. Nesse ponto está a sua grande contribuição ao meio técnico e acadêmico nacional.

Emil de Souza Sánchez Filho, D. Sc.

Apresentação

Este livro apresenta uma discussão em dez capítulos sobre questões que afetam ou comprometem a durabilidade das estruturas de concreto armado. Trata-se de um texto desenvolvido com base principal na experiência do autor em estudos e elaboração de projetos para reabilitação de estruturas em concreto armado, seja aqueles compostos com armaduras passivas ou estruturas com armaduras passivas e ativas. Em mais de uma centena de casos de obras reais, acompanhados e estudados ao longo de vários anos, foi possível observar que a deterioração precoce das estruturas ocorre originalmente por problemas de inadequado comportamento da estrutura de sustentação, sendo as causas fundamentais os projetos ou a execução. Estes problemas dão origem a estado inadequado de fissuração e por aí penetram os agentes que atacam o concreto em um primeiro momento e as armaduras como consequência.

No capítulo 1 é apresentada uma introdução com adequada justificativa aos temas desenvolvidos ao longo do livro.

No capítulo 2 são discutidos os problemas habituais de inadequado comportamento das estruturas de concreto, responsáveis pelo surgimento das patologias dos materiais, bastante discutidas pela literatura.

O capítulo 3 apresenta um pouco da história da evolução das normas de projeto e execução das estruturas de concreto armado no Brasil, mostrando uma tendência inicial na busca pela economia e eficiência, enquanto o domínio do conhecimento do concreto armado avançava, permitindo mais segurança no projeto e execução dessas estruturas, até o período em que os processos de deterioração das estruturas de concreto se tornam significativos, alertando para uma inversão nos objetivos, onde a durabilidade e o adequado comportamento das estruturas se junta à segurança nas diretrizes normativas.

O capítulo 4 trata das principais falhas de projeto, partindo de dificuldades na determinação de parâmetros fundamentais como o módulo de elasticidade do concreto e a determinação de esforços variados, incluindo problemas de vibrações que atingem as estruturas a partir de fontes variadas, seguindo nos problemas inerentes às dificuldades na elaboração de modelos que efetivamente reproduzam o comportamento das estruturas reais.

O capítulo 5 de forma complementar avalia a evolução nos padrões construtivos, mostrando que na realidade, apesar dos avanços no conhecimento, diversos motivos levam a uma perda de qualidade que tem sido fundamental no comprometimento da segurança e mesmo na ocorrência de importantes acidentes com estruturas de concreto armado.

A seguir, a discussão chega às fundações, quando no capítulo 6 são discutidos variados problemas que levam ao comportamento inadequado desta importante parte das estruturas, muitas vezes, de maneira inadequada, tratadas de forma completamente independente do conjunto estrutural, como se efetivamente fossem fatos independentes.

Na continuidade do estudo chega a vez do detalhamento das armaduras a serem posicionadas no interior dos elementos de concreto armado, que cumprem função fundamental no equilíbrio das tensões no interior dos elementos. O capítulo 7 mostra como a simplificação desta função, anteriormente tratada quase como uma arte, tem sido responsável pelo mau comportamento de muitos elementos estruturais, resultando em elevado comprometimento da capacidade das estruturas, sendo fonte de acidentes e custosas obras de reabilitação estrutural.

Nos capítulos finais, 8 a 10, são discutidas as questões relacionadas à robustez indispensável às estruturas, e apresentadas diversas sugestões ou recomendações para a elaboração de projetos de comportamento mais adequado ao longo da vida útil das estruturas.

Robson Luiz Gaiofatto

Dedicatória

À minha família, Ana e minhas filhas Mayara, Mariana e Caroline, que tiveram a paciência de me acompanhar por anos de estudos e distanciamento.

Agradecimentos

Muitos agradecimentos seriam necessários na obtenção dos conhecimentos que resultaram na publicação deste livro, entretanto, serão alguns aqui apresentados, aqueles que diretamente influenciaram na conclusão desta importante etapa de minha vida, pessoas especiais que foram e são muito inspiradoras.

Inicialmente, quero prestar uma homenagem póstuma ao frei Francisco Maria de Manaus (frei Chico), que me apresentou a engenharia estrutural, ainda no curso técnico de Edificações, no interior do Espírito Santo, nos anos de 1977 e 1978, tendo definido todo o meu futuro através do encantamento gerado pela análise e dimensionamento das estruturas.

A seguir, agradeço à minha família, pela compreensão da ausência; ao amigo Emil de Souza Sanchez Filho, por sua dedicação e exemplo na busca do embasamento dos conhecimentos, a quem tive a oportunidade e prazer de conhecer em 1986, quando juntos cursávamos pós-graduação na COPPE/UFRJ.

De forma especial, agradeço os exemplos e oportunidades fornecidas pelo prof. Ronaldo Battista Carvalho, que sempre e muito me inspirou, também desde os tempos de Mestrado e Doutorado na COPPE/UFRJ.

A amizade e incentivo fornecidos pelo prof. Humberto Varum, durante curtos períodos sabáticos de estadia na Faculdade de Engenharia da

Universidade do Porto, onde sempre me recebeu e apoiou nos estudos e pesquisas, que foram a fonte do desenvolvimento deste livro.

Enfim, aos meus amigos e companheiros do escritório da Encopetro/ESEEL Engenharia Estrutural, pela divisão de responsabilidades que permitiram o presente trabalho.

Sumário

1. Introdução

O concreto armado é um material relativamente novo, com pouco mais de 100 anos de aplicação. Durante este período, o concreto armado teve profundas modificações em relação às versões originais, tendo o aço usado para esta finalidade, avançado em mais de 100% de sua resistência mecânica à tração, enquanto o concreto habitual avançou em mais de 300% em sua resistência à compressão (concretos especiais apresentam aumento superior a 2000%), desde aqueles utilizados nas primeiras aplicações, até composições hoje conhecidas com adequado domínio tecnológico. Este fato é responsável pela contínua necessidade de aprendizado quanto ao comportamento deste material responsável pela maioria das construções, de forma especial, desde a introdução do chamado estilo moderno pela arquitetura.

Por outro lado, quanto maiores os avanços em termos de eficiência do material concreto armado, mais nos confrontamos nas obras reais com processos de deterioração destes elementos, considerados, durante muito tempo, como "rocha indestrutível".

Inicialmente os processos de corrosão eram o sinal de que o concreto estava passando por processos de deterioração, depois diversos outros sinais passaram a indicar a existência de "doenças" que passamos a denominar de manifestações patológicas.

Desta forma, o concreto deixou de ser considerado "eterno" e vem crescendo a consciência de que se trata de um material vulnerável ao ambiente e ao uso, exigindo cuidados no projeto e na execução que devem ser tomados a fim de garantir uma vida útil compatível com a importância das estruturas. Devido a estes processos de deterioração foi constatado que o concreto armado, como os demais materiais, depende também de manutenção e utilização de acordo com sua capacidade considerada na fase de projeto. Enfim, foi constatado que, como Abrams mostrou desde os idos de 1910, que a água livre no concreto compromete sua eficiência e destrói suas propriedades.

A utilização do concreto armado como material estrutural cresce continuamente devido à versatilidade que este material traz aos arquitetos e aos construtores. A possibilidade de moldagem plástica nas mais diferentes formas, com adequada resistência para vencer vãos significativos e mesmo, em muitos casos, apresentar uma aparência final muito adequada e compatível com inúmeros projetos arquitetônicos, além de apresentar uma durabilidade muito elevada.

Figura 1: O potencial arquitetônico do concreto armado.

Tanto aparente como revestido, o concreto armado é utilizado com função estrutural nas construções desde o final do século XIX. Por volta dos anos 1930 ou 1940, tem início um período incluído na denominada fase modernista pelos arquitetos, onde a popularização do uso do concreto como elemento estrutural ocorre devido à associação do desenvolvimento mais elaborado das técnicas de dimensionamento deste material com o domínio da técnica de produção e com a disponibilidade crescente dos cimentos Portland e do aço em barras, resultando em uma maior credibilidade e confiança na técnica, tornando-a mais bem conhecida do ponto de vista construtivo.

Nesta fase foi executada uma quantidade muito grande de obras, particulares ou públicas, residenciais, industriais e de infraestrutura, tirando proveito desta "nova" e eficiente tecnologia, com a utilização dos aços de mais elevada resistência, com tensão de escoamento ultrapassando os 250 MPa, associado a concretos com resistência à compressão entre 10 e 20 MPa. Na maioria das aplicações ocorreu um forte avanço nos vãos a serem vencidos e mesmo na esbeltez das estruturas, conforme permissões dos regulamentos e normativas técnicas.

Este avanço na concepção das estruturas, associado à aplicação de material estrutural em novas versões, com elevação continuada de suas propriedades, como a própria resistência do concreto, embora habitualmente na casa dos 30 MPa, mas já ultrapassando a barreira dos 100 MPa nos dias atuais (crescimento de resistência superior aos 900%), o aço tendo ultrapassado os 500 MPa tensão de escoamento, associado ao refinamento dos modelos estruturais, resultou no surgimento de estruturas mais leves e esbeltas, aparentes (sem revestimentos), assumindo cores variadas e com elevada probabilidade de deformações mais intensas e presença de fissuras, permitidas devido à redução da rigidez tradicional da construção civil, compondo assim as características das estruturas que constituem desde fase do modernismo arquitetônico até os dias atuais.

A partir desta nova geração de estruturas também surgiram muitos problemas no seu comportamento ao longo de sua vida útil, inicialmente considerados como inesperados, fato este que os engenheiros associaram a "doenças do concreto", que a seguir foram denominadas de patologias estruturais. Estes problemas constituem hoje, fortes preocupações para os engenheiros e para os arquitetos que executam construções, ou seja, como identificar, cuidar e evitar os efeitos danosos destes fenômenos. Os problemas de deterioração das estruturas de concreto armado comprometem inicialmente o aspecto da construção, posteriormente a integridade e finalmente, a segurança das estruturas.

Inicialmente o tratamento do problema descrito passa pela determinação das causas. Embora muitos profissionais da engenharia e mesmo pesquisadores tenham associado as causas apenas a insuficiências do material concreto armado, ou seja, a processos de deterioração do material em face ao meio ambiente, é de fácil observação no acompanhamento de muitas construções em seus primeiros anos de utilização que a maioria destas causas está associada a problemas estruturais, ou seja, comportamento inadequado das estruturas sob as solicitações usuais.

O mau comportamento das construções está associado diretamente a projetos estruturais muito arrojados, mal concebidos, e mal detalhados ou ainda mal executados, além dos casos de má utilização, com carregamentos excessivos ou mesmo exposição da estrutura a condições não previstas nos projetos, como variação térmica superior ao previsto, impactos e outras agressões. Em muitos casos ainda ocorrem danos devido à agressividade ambiental superior ao considerado, tornando a estrutura de concreto armado vítima de tensões elevadas e agressões incompatíveis com o previsto no projeto estrutural.

Apesar de todas as "descobertas", constatamos a cada dia que poucas pessoas estão preparadas para fazer estes concretos duráveis, estes concretos de alto desempenho, e que, na realidade do dia a dia, da maioria das construções, continuam sendo aquelas misturas feitas sem critérios, sem cuidados e na maioria das vezes sem qualquer tipo de controle, com elevado potencial de deterioração precoce, de perda de características e vulnerável a todo tipo de agressão.

Apesar de todas estas constatações também é possível perceber que mesmo em obras executadas com considerável cuidado as patologias se mantêm presentes, comprometendo de forma cada vez mais contundente a durabilidade de nossas estruturas, nestes casos, devido a projetos mal concebidos.

Uma observação às estruturas antigas, onde o concreto era mais poroso, como consequência da falta de conhecimento tecnológico, mostra que apesar disto demoravam mais a apresentar problemas, apresentando uma durabilidade mais adequada. Naturalmente é possível concluir que o ambiente era menos agressivo, mas sobretudo, que as estruturas eram mais robustas. O fato é, que independentemente das causas, aquelas estruturas, de forma geral, necessitavam muito menos manutenção, permitindo mesmo o desenvolvimento da crença de que o concreto seria eterno.

Esta constatação ocasiona uma questão importante a ser pensada, ora, se hoje temos um conhecimento tão mais elevado quanto à tecnologia dos concretos e ao comportamento das estruturas, por que os elementos estruturais de concreto armado estão se tornando tão efêmeros?

Será que o ambiente mais contaminado em que vivemos atualmente pode ser suficiente para esta redução de durabilidade de nossas estruturas? Ou será que existe alguma outra causa por trás deste estranho comportamento?

Este livro tem por objetivo discutir como todos estes conhecimentos necessitam ser repensados, de forma a possibilitar um entendimento mais claro das causas desta piora no comportamento de um dos materiais mais utilizados nas construções em todo o mundo, permitindo que as novas construções retornem a uma durabilidade compatível com o seu custo, com a sua finalidade, garantindo uma adequada sustentabilidade ambiental ao uso de materiais consideravelmente agressivos ao meio ambiente.

2. Comportamento das Estruturas de Concreto Armado

Além dos fatos expostos, a popularização dos computadores, predominante a partir do século atual, permite a aplicação de métodos de análise até então pouco ou rarissimamente aplicados, por falta de viabilidade operacional, como a análise das estruturas por pórticos espaciais e o uso do método dos elementos finitos, por exemplo. Estas técnicas levam ao projeto de estruturas mais arrojadas e mais esbeltas, e porque não, mais baratas, pela maior segurança gerada com o conhecimento mais exato das solicitações geradas por diversas combinações de carregamentos.

Se por um lado os métodos numéricos nos trazem maior precisão de análise, o desconhecimento e a elevada variabilidade das formas ou possibilidades dos carregamentos nos reduzem esta precisão, nos levando a um campo de análise estatística quanto à probabilidade de ocorrência das mais variadas combinações de carregamentos e consequentes solicitações em cada um dos inúmeros elementos estruturais que constituem um edifício.

A combinação destes projetos mais arrojados com um aproveitamento "mais eficiente" do concreto, conforme adotado pelo modelo definido no Estádio III, tende a ocasionar o surgimento de problemas estruturais complexos, tendo sido observados acréscimos nas denominadas deformações diferidas, ou seja, a retração e a fluência dos concretos, anteriormente com efeitos desprezíveis, passam a se tornar de significativa importância. A possibilidade de menores dimensões nos elementos de concreto armado, combinada com maior quantidade de aço, ocasionaram em uma maior dificuldade de alojar de forma adequada o aço no interior dos elementos de concreto. A utilização de elementos de menor dimensão reduz de imediato a rigidez das estruturas, permitindo o surgimento de um nível de deformações bem superior ao que se havia adotado como normal.

Além dos modelos mais arrojados, a automatização dos projetos trouxe significativos prejuízos no padrão de detalhamento dos elementos estruturais. Cada vez mais os detalhes indispensáveis a uma adequada execução são esquecidos ou desprezados, provocando indefinições na execução que são solucionadas conforme a opinião da mão de obra, na maioria das vezes, de forma inadequada e com sérias consequências à segurança e durabilidade das estruturas.

Estes eventos, entre outros, tornam-se fonte de inúmeros problemas no comportamento das estruturas, que associados aos ambientes continuamente mais agressivos resultam naquilo que hoje são definidas como patologias. Estas doenças podem atacar diretamente o material concreto, o material aço ou aos elementos estruturais de forma geral.

Estas questões levaram, e ainda levam, ao desenvolvimento de uma grande quantidade de pesquisas em todo o mundo, visando o conhecimento mais aprofundado dos materiais, em especial o concreto, bem como do comportamento mais arrojado das estruturas, obtido pelo uso de programas refinados de análise estrutural. Estes estudos resultaram em normas técnicas que exigem um controle mais cuidadoso dos projetos com o uso de prescrições e regulamentos construtivos e de projetos. No capítulo seguinte faremos uma breve apresentação da evolução das normas técnicas no Brasil, de forma a observarmos como vem ocorrendo de maneira geral o desenvolvimento do conhecimento na área das estruturas e do material concreto armado.

Sob o ponto de vista do conhecimento mais recente sobre a microestrutura dos concretos é possível uma primeira conclusão de que não estamos lidando com um material simples, que pode ser preparado de forma aleatória, dependendo apenas da experiência acumulada pela mão de obra, mas sim de um material que a cada dia necessita de cuidados e conhecimentos técnicos elevados, se pretendemos tirar um maior proveito de seu potencial. O contínuo avanço no conhecimento da tecnologia dos concretos mostra que ainda não sabemos tudo sobre este material, que ainda existe muito conhecimento sobre o concreto a ser desvendado por meio de pesquisas. Desta maneira a produção do concreto sem cuidados mínimos (aqui consideradas as diversas etapas, como mistura, transporte, lançamento, adensamento e cura), como se pode constatar a cada dia nas construções correntes, tem provocado uma série de problemas que em muitas vezes torna inviável determinadas construções pelo elevado custo e dificuldade da manutenção exigida para o seu adequado uso.

A necessidade de melhoria de muitas propriedades do concreto, em especial aquelas associadas à porosidade (figura 2), após uma elevada quantidade de pesquisas e estudos resultou no surgimento de normalizações que recomendam, e por que não, exigem a aplicação de cuidados adicionais na especificação, na produção, no controle de qualidade e na aplicação dos concretos, visando a obtenção de durabilidades compatíveis com o custo e importância das construções. Estes meios, entretanto, não resolvem os problemas de concepção dos modelos estruturais e do detalhamento das armaduras.

A constatação de comportamento inadequado da maioria das estruturas, especialmente quando em uma vida útil extremamente reduzida, tem provocado bastante preocupação entre os profissionais da área de estruturas, demonstrando que os avanços obtidos precisam ser revistos ou reconsiderados dentro do objetivo de obtenção de maiores e mais adequadas durabilidades das estruturas de concreto armado.

Figura 2: Estrutura com problemas patológicos: corrosão devido à porosidade do concreto.

Além dos problemas associados à etapa do projeto, discutidos anteriormente, a falta de cuidado com a execução das estruturas tem se mostrado crescente. Os problemas de execução, ocasionados pela falta de mão de obra devidamente capacitada, que envolve engenheiros, armadores e carpinteiros, associada a cronogramas de execução cada vez mais curtos, tem se mostrado uma importante fonte adicional de problemas precoces nas estruturas, problemas que podem ser facilmente evitados se adequados procedimentos forem aplicados, com base em conhecimentos científicos já consolidados em normas e regulamentos técnicos.

Da mesma forma, apesar do avanço no conhecimento da tecnologia dos concretos no mundo da construção civil, de forma geral estes conhecimentos e avanços são relegados a um segundo plano, seja na área do projeto, na especificação dos materiais, no controle dos materiais e na forma de execução, na maioria das vezes sob uma justificativa de necessidade de economia e prazo completamente equivocada.

A elaboração de projetos estruturais originalmente sob a ótica de modelos simples, hoje considerados grosseiros, mas que guardavam margens significativas e importantes de segurança, resultando em um dimensionamento de elementos com maior rigidez e, sobretudo, com maior robustez, hoje mostra que o uso sem adequados cuidados e conhecimentos de modelos sofisticados, que envolvem a consideração de parâmetros mais sofisticados do material concreto, bem como, técnicas numéricas mais elaboradas que exigem avaliação e análise continuada, têm mostrado consequências graves e importantes. Quando isto não ocorre, como é possível observar em uma grande quantidade de projetos em execução dos dias atuais, as consequências chegam rápido, em poucos meses ou anos a estrutura apresenta os problemas causados pela falta de atenção aos avisos gerados pelos programas ou mesmo pelo uso com configuração inadequada.

O presente texto mostra com muita clareza uma grande quantidade de motivos para a ocorrência das patologias das estruturas de concreto. Todas elas ocasionam comportamento inadequado das estruturas e como resultado os danos se concretizam e as consequências são opiniões.

Resumidamente, as efetivas causas das patologias podem ser divididas em dois grandes grupos, as falhas de projeto e as falhas de execução/implantação das estruturas. Poucos fatores independem das causas contidas nestes dois grandes grupos, como fatores externos imprevisíveis, uso inadequado das estruturas ou a falta de manutenção adequadamente preconizada nos manuais, parte integrante da etapa de projeto/construção.

Também as normas técnicas atuais ainda permitem determinados limites que certamente são responsáveis por algumas patologias, como são em muitos casos insuficientes os limites para o controle das flechas, da vibração, dos ventos e dos sismos, das fundações, entre outros, no que tange aos projetos, da mesma forma que os controles de qualidade quanto à resistência à compressão e ao módulo de elasticidade também necessitam de avanços. A tendência de aumento no controle destes itens é bastante forte em um futuro próximo.

A parte mais complexa quanto à prevenção às patologias está exatamente nas etapas da elaboração dos projetos e de sua construção. Entretanto, também estes fatores não ocorrem por falta de domínio científico dos temas, mas sim, pela falta de preparo e consciência dos profissionais envolvidos, ou falta de preparo e de conhecimento ou falta de preparo a nível de considerar a correta importância às suas atividades.

A ausência da adequada responsabilização pelos projetos ou execução inadequados se soma de forma importante aos fatores de desconhecimento e descaso que efetivamente causam os danos nas estruturas de concreto armado.

Conforme visto, as obras antigas, projetadas com mais cuidado, de forma especial quanto ao detalhamento das armaduras e executadas sob supervisão atenta de engenheiros responsáveis, apesar da menor técnica empregada, resultavam em obras de mais elevada durabilidade, onde as patologias ocorriam depois de muitos anos de uso, em detrimento de muitas obras atuais onde as patologias surgem após algumas semanas da execução.

Figura 3: Instituto Militar de Engenharia, Rio de Janeiro, construído em 1959. Construção de grande robustez

3. Evolução das Normas Técnicas Brasileiras para o Concreto Estrutural

A história das normas técnicas no Brasil, oficialmente tem início em 1940 com a criação da Associação Brasileira de Normas Técnicas, que resulta na publicação da NB-1 – "Cálculo e Execução de Obras em Concreto Armado", como unificação de alguns regulamentos anteriores. Esta norma trouxe avanços como o método de cálculo na ruptura – Estádio III, para elementos submetidos à compressão axial e opcionalmente para a flexão, com base em recomendações do prof. Telemaco van Langendonck, conforme relata o prof. Fernando Lobo Carneiro. Esta norma foi complementada em 1943 e revista integralmente em 1960, resultando na NB-1/1960.

A NB-1/40 foi uma norma escrita com base nas normas alemãs vigentes à época (DIN-1045), normas baseadas no método das tensões admissíveis composta por exigências ainda bastante simplificadas, porém, já considerando o dimensionamento no Estádio III.

Foi uma norma pioneira que forneceu as primeiras diretrizes aos projetos dos edifícios em concreto armado na fase de forte desenvolvimento desta tecnologia. A tecnologia ainda inovadora àquela época provocava construções de grande solidez e que na maioria dos casos apresenta, até hoje, adequado desempenho, com reduzida manutenção, apesar de se utilizarem de concretos de baixa resistência (cerca de 9 a 13 MPa) e portanto, muito porosos para os padrões atuais, e armadura de menor resistência, variando entre 240 e 320 MPa de tensão de escoamento.

Nesta época o aço utilizado no Brasil ainda era importado, enquanto o cimento Portland, já fabricado no Brasil, era bastante rico em C2S (silicato bi cálcico), responsável pelo acréscimo de resistência do concreto em idades mais avançadas (acima dos 28 dias). Àquela época o cimento comum era o CP-I, conforme a classificação atual. O C2S, componente da hidratação do cimento, libera pouco calor de hidratação e reduz em muito a ocorrência da retração térmica, resultando em concretos mais íntegros, apesar da porosidade mais elevada provocada por fatores a/c mais elevados.

Graças ao bom comportamento destes cimentos, associado a um dimensionamento mais rígido e a uma execução muito cuidadosa, aquelas estruturas, em geral, apresentam bom comportamento, baixa retração, reduzida fissuração, apresentando bom estado de conservação até os dias atuais.

Posteriormente a norma foi reescrita em 1960, gerando sua segunda versão mais importante, quando relatada pelo prof. Fernando Luiz Lobo Carneiro, introduz como método prioritário o Cálculo na Ruptura – Estádio III, antecipando-se às denominadas recomendações práticas/1963 do CEB (Comitê Europeu do Betão). Nesta versão é introduzido o controle estatístico da resistência, sendo considerada uma tensão mínima na ruptura à compressão, adotando uma fração de 1% da distribuição Gaussiana da resistência do concreto. Foi adotado um desvio padrão que reduzia o valor médio em 2,33.

Mais tarde o CEB adotou a fração de 5% com uma redução de 1,65 vezes, denominando de resistência característica ao valor obtido com base na resistência média.

Na versão de 1960 da NB-1, a deformação específica máxima no concreto na ruptura era limitada a 0,15%, adotando-se um diagrama retangular em toda a zona comprimida. Em 1967, seguindo a tendência do CEB, a norma brasileira passou a adotar a deformação específica limite de 0,35% para o concreto na ruptura, porém, com um diagrama retangular limitado a ¾ da altura comprimida. Neste período o CEB adotava a mesma deformação específica, porém, em um diagrama parábola retângulo, admitindo a limitação em um retângulo equivalente com altura de 0,8 da zona comprimida. Para os casos de seção totalmente comprimida o limite de deformação específica do concreto já era limitado em 0,2%.

Deve ser lembrado que em seu capítulo VII relativo a Coeficientes de Segurança (Estádio III) e Tensões Admissíveis, a norma de 1960 mencionava que para peças calculadas em função da carga de ruptura, à flexão simples ou composta, os coeficientes de segurança seriam de 1,65 para todas as cargas permanentes, para as acidentais definidas na NB-5 e para retração e efeitos da temperatura. Para demais cargas acidentais o coeficiente seria 2,0.

No caso do dimensionamento à compressão ou à tração axial, o coeficiente seria 2,0 para as cargas permanentes e 2,40 para as demais cargas acidentais.

Em dois casos especiais os coeficientes indicados ainda deveriam ser majorados. A majoração de 1,2 para os casos de estruturas em ambientes agressivos e 1,3 para pilares, que não suportassem laje cogumelo, onde uma das dimensões fosse inferior a 20 cm ou L/25, porém, maior que 10 cm ou L/15 e com raio de giração no mínimo de 6.

Naquela época a menor resistência do concreto à compressão era limitada pela NB-1 1960 para as obras normais em 11 MPa, devendo ser elevado para 13,5 MPa nos casos em que fossem utilizados aços 40 ou 50 torcidos (40 T ou 50 T), em ambos os casos com concretos obtidos por dosagem racional e adequado controle de qualidade. Casos de obras de pequena importância era admissível a resistência de 9,0 MPa obtida por dosagem empírica. Em todos os casos, o consumo mínimo de cimento deveria ser de 300 kg/m^3.

Quanto às tensões admissíveis, considerando o dimensionamento à flexão simples e composta no Estádio II, incluindo armaduras destinadas ao equilíbrio de forças de tração oriundas da força cortante, conforme:

a) concreto – a tensão admissível de compressão no concreto deveria ser maior ou igual a $\frac{\sigma R}{2}$, sempre limitado a 11 MPa, multiplicando por 1,2 as cargas adicionais não previstas na NB-5. O módulo de elasticidade do concreto deveria ser tomado fixo como 10 GPa para cargas permanentes e 28 GPa para as cargas acidentais.

b) aço – limite da tensão de tração para CA-37 = 150 MPa, para o CA–50 = 180 MPa, para o CA-40T = 240 MPa e para CA-50T = 300 MPa.

Nos casos de estruturas em ambientes agressivos, os valores acima devem ser divididos por 1,2. Definindo-se ambientes agressivos no item 42 como sendo aqueles onde a estrutura é exposta à ação prejudicial de agentes externos como ácidos, álcalis, águas agressivas, óleos e gases nocivos, além de altas e baixas temperaturas.

Ainda em relação aos coeficientes, o texto desta norma indica que verificações no Estádio II exigirão uma majoração dos coeficientes em 1,2 e uma minoração das tensões admissíveis, também em 1,2.

Nesta norma, considerando-se os valores dos módulos de elasticidade definidos no item a, mencionado acima, referente às características do concreto, as flechas admissíveis eram de 1/1000 para cargas permanentes e 1/500 para as cargas totais.

Ressalta-se que as regulamentações da norma de 1960 eram ainda bastante rígidas, resultando em obras de reduzida fissuração, em especial, considerando-se o tipo de cimento ainda utilizado e os elevados cuidados com a cura do concreto, ponderada de elevada importância pelos construtores. Nesta época os cimentos, com pouca ou nenhuma adição, ainda se mantinham com elevados teores de C2S, o que retinha significativa capacidade de acréscimo de resistência em idades posteriores aos 28 dias. Desta forma, em geral, quando as estruturas eram efetivamente submetidas aos seus carregamentos a resistência do concreto havia atingido valores bem acima do previsto, minorando, ou mesmo evitando a formação de fissuras. As figuras apresentadas a seguir ilustram a evolução da produção de cimentos no Brasil, denotando a substituição percentual do C2S pelo C3S, sendo este responsável pelo acréscimo de resistência até os 28 dias, concentrando nesta fase uma maior liberação de calor de hidratação e provocando uma maior retração.

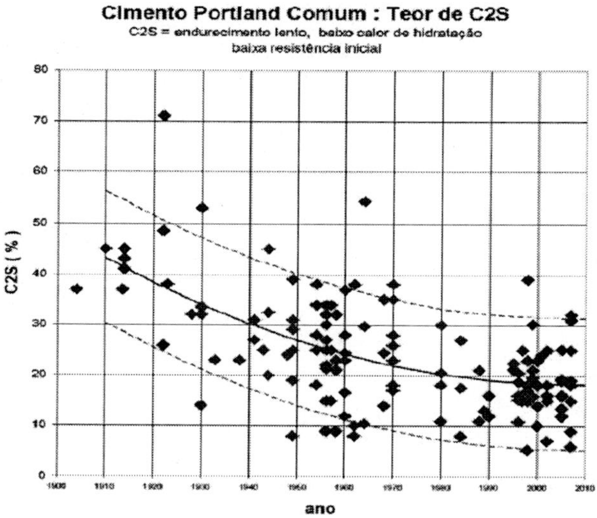

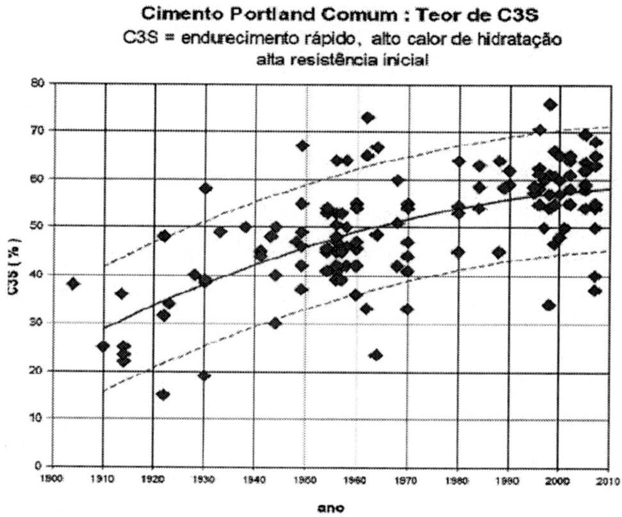

Figura 4: Referencial de variação dos teores de C2S e C3S ao longo do tempo.

Em 1978 surge uma nova versão da NB-1, que nesta ocasião recebe a nova designação de **NBR 6118/78**, com alguns ajustes em 1980. Esta nova versão da norma de projetos e execução de estruturas de concreto armado introduz algumas exigências adicionais aos cálculos, como a obrigatoriedade do dimensionamento dos pilares à flexo-compressão.

Esta exigência altera de maneira significativa os projetos, que habitualmente ocasionavam o surgimento de fissuras nos últimos pavimentos de edifícios acima de 10 pavimentos (aproximadamente), devido a pilares muito esbeltos, dimensionados apenas em função da carga vertical, cada vez menor ao atingir os últimos pavimentos.

A mudança na metodologia dos pilares constituiu um grande avanço no dimensionamento de edifícios no Brasil, em função de que a combinação dos momentos de flexão com pequenos valores de compressão leva a pilares mais robustos e mais armados, sendo em muitos casos o momento de flexão a solicitação determinante para o dimensionamento. Nesta versão da norma havia a possibilidade de dimensionamento de pilares utilizando o conceito do confinamento, onde a resistência do concreto poderia ser aumentada em função de determinados espaçamentos das armaduras transversais.

Quanto aos coeficientes de segurança, esta versão na norma introduz os conceitos de valores característicos e valores de projeto, seja para as solicitações, seja para as resistências. No caso das solicitações, os valores de γ_f são adotados iguais a 1,4 para os casos gerais, para o concreto é adotado um $\gamma_c = 1,4$ e para os casos normais e para o aço o $\gamma_s = 1,15$.

Vários novos conceitos são introduzidos de forma a melhorar o controle das tensões nos materiais e garantir uma adequada durabilidade, embora este tema ainda tenha sido tratado de forma bastante indireta nesta versão da norma de projetos e execução. Entre esses novos conceitos, está a obrigatoriedade da consideração da distribuição de momentos nos nós entre vigas e pilares. Nestes casos, tanto vigas em seus apoios de extremidade quanto os pilares, passam a ter a obrigação de suportar parte dos momentos que ocorrem nessas ligações.

Em 2003 a NBR 6118 passa por nova e profunda revisão. Esta nova norma trouxe uma mudança radical na concepção e elaboração do projeto estrutural ao Brasil. Pela primeira vez aqui é introduzido o conceito de durabilidade e o conceito de Vida Útil de Projeto, por meio de exigências consideráveis de definição das características do concreto e do projeto em função das classes de Agressividade Ambiental. Da mesma forma esta norma introduz o método de projeto pelos Estados Limites (Últimos associados à ruptura e de Serviços, associados às condições de adequada utilização da estrutura), exigindo a determinação de uma envoltória das solicitações a partir de inúmeras combinações de carregamentos, bastante mais eficiente que o método das Tensões Admissíveis considerado anteriormente. Esta nova metodologia, no entanto, introduz a exigência indireta do uso dos computadores na análise dos modelos estruturais que deixam de ser planos para depender da formatação em três dimensões.

A introdução do conceito de Vida Útil de Projeto, com exigência de atendimento a partir de uma definição qualitativa, não define, no entanto, prazo efetivo, quantitativo, para o atendimento da exigência, deixando uma importante lacuna e dúvidas nas questões de garantia e durabilidade das estruturas.

Também nesta versão a norma brasileira passa a exigir mais cuidados nos dimensionamentos, controlando, de forma mais efetiva a plastificação dos momentos, limitando a posição da linha neutra e exigindo a consideração efetiva dos momentos transferidos aos pilares por métodos mais exatos, forçando o dimensionamento à flexo-compressão dos pilares por metodologia mais efetiva. Também quanto aos pilares, a norma não mais indica a consideração dos efeitos de confinamento como forma de elevar a resistência do concreto. Todas estas exigências têm como objetivo central tornar as estruturas menos deformáveis, garantindo um comportamento mais adequado quanto a ductilidade da estrutura e, sobretudo, visando evitar comportamentos inapropriados responsáveis pelo comprometimento da durabilidade das estruturas.

A principal mudança desta norma em relação à versão anterior é que a mesma torna-se norma de projeto de estruturas de concreto, incluindo o concreto protendido e o concreto simples em seu conteúdo e excluindo questões diretamente associadas à execução, sendo que estas são agrupadas e expandidas na nova NBR 14931, publicada em 2004, que trata exclusivamente da execução das estruturas de concreto, também contemplando, além do concreto armado, as estruturas ou elementos em concreto protendido e concreto simples.

Diversos critérios de projeto são descritos e definidos em seu capítulo 14, Princípios Gerais da Análise Estrutural, que definem e determinam diversos novos limites a serem observados, fato que, em conjunto com os critérios de durabilidade e da nova norma de execução de estruturas de concreto, visam melhorar o desempenho das estruturas de concreto, que ao longo dos anos 80 e 90 do século XX, passaram a apresentar uma grande quantidade de problemas em suas fases de vida iniciais.

Dois importantes capítulos são adicionados considerando detalhamento de elementos lineares e de elementos planos, bem como, é também introduzido um primeiro conjunto de recomendações para o dimensionamento de elementos em zonas de distúrbio utilizando o conceito de Bielas e Tirantes.

Também nesta norma aparece um importante, ainda que incipiente, capítulo sobre análise dinâmica e fadiga das estruturas, definindo primeiros parâmetros para dimensionamento de estruturas mais esbeltas, e submetidas a carregamentos variáveis no tempo.

Finalmente, esta versão da norma traz mais uma novidade, composta por um capítulo com recomendações para o dimensionamento de elementos estruturais compostos por concreto simples.

Em 2014 é publicada a nova revisão da **NBR 6118**, onde é mantida a estrutura da versão anterior, entretanto, são incluídos diversos ajustes, novamente com o objetivo de corrigir algumas questões que ainda continuavam permitindo problemas no comportamento das estruturas. Entre eles foi introduzido um maior cobrimento para os elementos em contato com o solo, resultando em uma maior proteção e consequente durabilidade dos elementos muitas vezes em contato direto com solos agressivos ou contaminados com esgoto (sulfatos). Mais algumas simplificações no dimensionamento de pilares foram eliminadas, exigindo uma análise mais criteriosa, de forma especial na transferência de momentos das vigas ou lajes para os pilares, sempre, no entanto, visando a melhoria no desempenho das estruturas e garantia de atendimento à Vida Útil de Projeto, agora definida em no mínimo 50 anos para prédios residenciais, em função da publicação da NBR 15575 (Norma de Desempenho) em 2013.

Da mesma forma, esta norma exige que sejam colocadas armaduras mínimas nas zonas habitualmente previstas dos elementos, de forma a não permitir simplificação de armações em regiões que os programas indicam a não existência de tração, mas que pode ocorrer em determinadas alternâncias de carregamento de consideração não obrigatória na maioria dos casos em prédios residenciais ou comerciais leves.

Comentário: ressalta-se que na entrada em vigor da norma de 2003, houve muitas reclamações dos construtores, sob a alegação de aumento de custo das estruturas em função dos novos e maiores cobrimentos exigidos, que resultaram em peças com maiores dimensões, enquanto que, por outro lado, muitos projetistas deixaram de indicar armaduras mínimas em muitos elementos importantes, como, por exemplo, na face superior de blocos de coroamento e em muitas zonas de lajes protendidas, provocando o surgimento de inúmeros danos estruturais em função de combinações de carregamentos não consideradas, de forma especial em projetos de edifícios residenciais.

Estes não atendimentos aos quesitos normativos resultaram em inúmeros problemas estruturais, de forma especial quanto ao comportamento inadequado de elementos de fundações e forte comprometimento da durabilidade de edifícios e pontes.

Figura 5: Capa da NBR 6118/23. "Projeto de estruturas de Concreto", em vigor.

Em 2023 a NBR 6118 passa por nova revisão, ajustando diversos parâmetros, com o objetivo de melhorar o comportamento das estruturas projetadas sob suas recomendações. Uma das novidades mais importantes é o surgimento do coeficiente de fragilidade, a ser aplicado a concretos acima de 40 MPa, crescente juntamente à resistência do concreto. Este coeficiente, denominado η_c que varia de 1,0 para concretos de resistência ≤ 40 MPa até 0,76 para concreto de 90 MPa, pela expressão

$$\eta_c = \left(\frac{40}{f_{ck}}\right)^{1/3}$$

a ser aplicado minorando a resistência limite do concreto, conforme 0,85 $\eta_c f_{ck}$.

Além desta importante alteração, foram realizados ajustes no coeficiente de aderência dos aços CA-60, reduzidos de 1,4 para 1,0, bem como definidos limites para as tensões de compressão em concreto protendido quando submetidos a protensão completa ou limitada.

Outro fator importante é que esta versão continua a não exigir dobras a 135⁰ (90⁰+45⁰) para os estribos. De forma especial no caso dos pilares, estas dobras seriam de elevada importância na segurança de estruturas submetidas a ações dinâmicas, como é o caso dos sismos ou de vibrações horizontais causadas por explosões, impactos ou outras fontes. Na versão atual a exigência só ocorre em vigas submetidas à torção.

No caso das vibrações, a diferença de segurança exigida entre a frequência de excitação e a frequência natural ($f_n \geq 1{,}2f$), é mantida, porém é introduzida uma mensagem informando que esta condição é apenas uma avaliação simplificada do problema, indicando que o projetista é livre para considerá-la, ou não. Cria um alerta de que as frequências naturais da estrutura devem ser determinadas por análise modal, sem, no entanto definir quando isto se torna importante ou mesmo indispensável.

As demais alterações são constituídas por ajustes em relação a textos e figuras permitindo um entendimento mais claro quanto às recomendações constantes na versão anterior.

Como pode ser observado, embora tenhamos uma norma bastante extensa e completa quanto a recomendações para a elaboração de bons projetos estruturais em concreto armado, diversos temas deixam de ser tratados, ou o são sem o suficiente aprofundamento, deixando apenas ao projetista alertas quanto a cuidados a serem tomados ou considerados. Nestes casos, infelizmente, a maioria dos projetistas de conhecimento superficial sobre o tema, consideram que se a norma não impôs limites, é porque se trata de assunto de importância secundária e, portanto, deixam de considerar em seus projetos. Este descaso, na maioria dos casos, resulta em problemas que podem se tornar graves seja quanto à segurança, às condições de uso ou à durabilidade das estruturas.

4. Falhas de Projetos

A elaboração cuidadosa e criteriosa do projeto estrutural é uma das melhores formas de garantia de adequada durabilidade das estruturas de concreto armado, uma vez que falhas de modelagem e de detalhamento das estruturas de concreto armado apresentam como consequência o surgimento de deformações excessivas e a ocorrência de fissuras que são portas de acesso a agentes agressivos.

As fissuras tendem a ocorrer devido à magnitude das tensões nos elementos das estruturas de concreto armado, e são formas de retroalimentação do problema. Quando as fissuras surgem, embora do ponto de vista do modelo de dimensionamento à flexão do concreto armado isto não tenha importância significativa, a integridade do elemento estrutural é comprometida, uma vez que ao quebrar, ainda que parcialmente (formação de pequenas fissuras), o elemento estrutural perde rigidez (redução do valor do momento de inércia), que por sua vez permite o aumento das deformações, que são função direta deste parâmetro e assim o processo tende a se autoalimentar.

Como visto anteriormente, os modelos de dimensionamento baseados no Estádio III, associados a uma obtenção de solicitações por meio de modelagem computacional avançada, resultam em estruturas mais esbeltas e econômicas, porém, submetidas a tensões mais elevadas para o concreto. Dessa forma, qualquer problema relativo à execução resulta em que o concreto não seja capaz de resistir às tensões com o adequado "conforto", atingindo limites de tensões e deformações que tendem a resultar em deformações excessivas ou mesmo na abertura de fissuras, que nada mais são do que fraturas do concreto.

Na sequência serão discutidos diversos fatores que comprometem a efetividade dos projetos estruturais, seja devido a erros na definição de dados ou efetivamente devido à inadequada configuração dos programas utilizados na elaboração dos projetos estruturais.

Figura 6: Residência com deformação excessiva ao retirar escoramento do balanço.

4.1 Módulo de Deformação

Conforme mencionado, a perda de rigidez é um dos fatores que deve ser associado à ocorrência das fissuras e deformações excessivas nos elementos estruturais de concreto. Foi mostrado que a sua redução em geral ocorre pela diminuição do momento de inércia resultante das próprias fissuras, entretanto, a rigidez dos elementos estruturais é diretamente proporcional ao denominado coeficiente de rigidez, que é o produto do momento de inércia, ou da forma da seção, pelo módulo de deformação do material, seja ele longitudinal ou transversal, dependendo do tipo de rigidez necessária para resistir às diferentes solicitações.

Desta forma é claro que do ponto de vista do material, a magnitude do módulo de elasticidade, ou módulo de deformação longitudinal, apresenta uma elevada importância. Em qualquer modelo computacional o valor do módulo de elasticidade do concreto é um parâmetro de importância determinante, entretanto, nas obras efetivas este parâmetro é geralmente relegado a um segundo plano, de forma especial pela dificuldade em sua determinação experimental.

Em estruturas de rigidez superior devido aos elevados valores do momento inércia, efetivamente pequenas variações em torno do valor do módulo de elasticidade representavam pouca ou desprezível importância, entretanto, com o acréscimo das propriedades dos concretos (resistência à compressão e módulo de elasticidade), associado à redução da rigidez, onde o aumento do módulo de elasticidade pode permitir a redução do momento de inércia, sem alteração do produto, erros de avaliação do valor deste parâmetro adquirem importância fundamental e de elevado significado.

A norma brasileira de Projetos de Estruturas de Concreto, a NBR 6118, em suas últimas versões, define que, não sendo possível a determinação precisa do valor, o módulo de elasticidade tangente pode assumir um valor função da resistência característica do concreto aos 28 dias (f_{ck}), de um coeficiente função do tipo da rocha de origem do agregado (valor este variável entre 0,7 e 1,2), para concretos de resistência entre 20 e 90 MPa, sendo uma equação até 50 e outra de 55 a 90 MPa, conforme indicado em seu item 8.2.8. Esta norma ainda adota outra equação em função do f_{ck} para minimizar o valor do módulo tangente na obtenção do módulo secante, que é o valor recomendado para as verificações do comportamento estrutural nos Estados Limites de Utilização de deformações excessivas.

O Eurocode 2 apresenta considerações semelhantes, entretanto, os resultados obtidos com o uso das expressões desse código aparentam ser mais seguros na medida que a resistência do concreto se eleva, o que demonstra uma coerência adequada. A tabela a seguir mostra valores para o módulo tangente considerando agregados de granito.

Tabela 1: Comparação de valores do módulo de elasticidade tangente.

Resistência do concreto f_{ck} (MPa)	**NBR 6118/14 (GPa)**	**Eurocode 2/04 (GPa)**
20	25,04	29,96
30	30,67	32,84
40	35,42	35,22
60	41,58	39,10

Observa-se que os valores calculados são resultantes de equações que tendem a reproduzir curvas obtidas em laboratórios, entretanto, numa estrutura a relação do módulo de elasticidade com a resistência à compressão obtida em corpos de prova não é suficientemente confiável, uma vez que a forma de lançamento do concreto na forma, o adensamento do concreto e o seu processo de cura, podem afetar os valores reais em mais de 30% daquele estimado a partir do valor de f_{ck}, aferido pelos ensaios de corpos de prova. Esta diferença é diretamente proporcional ao acréscimo nas deformações que irão ocorrer no elemento estrutural e será fonte de elevação das tensões e do surgimento de deformações e fissuras, conforme já insistentemente discutido.

A experiência no Brasil demonstra que quase nunca o valor do módulo de elasticidade dos concretos atende às equações da NBR 6118, de forma especial para concretos até 50 MPa, onde a experiência é maior. Na maioria dos casos, o valor do módulo de elasticidade efetivo fica entre 10 e 20% abaixo do valor indicado pelas equações, isto em regiões onde o agregado é granito ou gnais, que apresentam fator de correção igual a 1,0. Esta redução é devida às características dos materiais, especialmente os agregados, não se considerando as falhas de execução, como adensamento e cura. Muitas verificações devem ser efetivadas em outras regiões de forma a serem ajustadas equações mais consistentes.

Além do fato de habitualmente não ser verificado o importante parâmetro do módulo de elasticidade nos concretos utilizados, como mencionado, falhas na execução podem ocasionar diferenças significativas entre os valores considerados em projeto e aqueles efetivamente existentes nas estruturas, cuja determinação demanda a realização de retirada de testemunhos do concreto real para a sua aferição.

Naturalmente as estruturas projetadas a partir dos valores previstos irão apresentar um comportamento muito diferente daquele previsto, com deformações mais elevadas, estado de tensões superior e intensa fissuração e comprometimento grave de durabilidade, de forma especial se a estrutura estiver exposta a ambiente de mais elevada agressividade.

Além de todos os fatos descritos, o comportamento da estrutura terá redistribuição de solicitações, gerando um processo de danos autoalimentado, tendendo diretamente para o comprometimento da segurança da estrutura.

Conforme discutido, quanto maior a resistência do concreto prevista em projeto, maior será a diferença do módulo de elasticidade e maiores os danos que causarão os processos de deterioração das estruturas.

É importante ainda considerar que os ensaios tradicionais de determinação do módulo de elasticidade são de execução não muito simples, sendo difícil (fora dos grandes centros) encontrar laboratórios que realizem estes ensaios. Em sua última versão a NBR 8522/21 (em duas partes) passa a admitir além do ensaio estático (tradicional) o ensaio de determinação do módulo de elasticidade do concreto pelo método dinâmico, de execução bem mais simples, sobretudo, pela menor margem de erro na aplicação da metodologia.

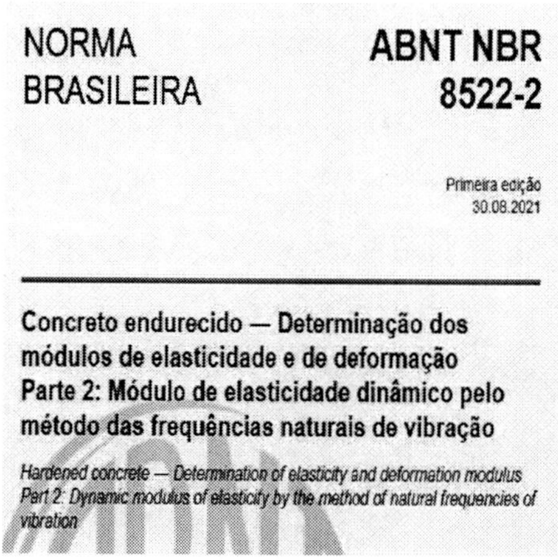
NORMA BRASILEIRA

ABNT NBR 8522-2

Primeira edição
30.08.2021

Concreto endurecido — Determinação dos módulos de elasticidade e de deformação
Parte 2: Módulo de elasticidade dinâmico pelo método das frequências naturais de vibração

Hardened concrete — Determination of elasticity and deformation modulus
Part 2: Dynamic modulus of elasticity by the method of natural frequencies of vibration

Figura 7: Capa da NBR 8522-2/21 – Módulo dinâmico.

4.2 Vibrações

Outro fator muito importante na geração das fissuras nas estruturas de concreto armado são as vibrações. As estruturas são dimensionadas considerando as cargas integralmente estáticas, e em estruturas onde as cargas dinâmicas são mais importantes como nas pontes, o dimensionamento é realizado pela aplicação de coeficiente adicional sobre as cargas estáticas, numa tentativa de compensação do efeito dinâmico, mantendo, no entanto, o dimensionamento estático. Este processo é tradicional na Engenharia Civil e mesmo coerente para a maioria dos casos.

Entretanto, existe um conjunto de fontes de cargas dinâmicas, com potencial de provocar tensões mais elevadas no concreto e gerar danos. Na maioria dos casos, estas fontes são desprezadas devido à tradicional cultura das construções robustas (em especial as estruturas de concreto) que não causavam desconforto às pessoas, que desta forma, não percebiam os danos que estavam ocorrendo nas peças estruturais. Dessa maneira, a redução da rigidez, conforme discutido anteriormente, tem tornado grande parte das estruturas vulneráveis a essas solicitações.

Entre as diversas fontes, os ventos são geralmente os mais significativos e em muitos casos, não são levados em consideração na elaboração dos projetos estruturais, ou minimizados de forma inadequada. Quando isto ocorre as estruturas dos edifícios ficam vulneráveis a elevadas deformações, que na maioria das vezes, provocam fissuras nas alvenarias, uma vez que as mesmas, responsáveis por formar a barreira onde atuam as pressões do vento, acabam por funcionar como elemento enrijecedor, pelo menos enquanto preservarem a sua integridade, compensando de certa forma a insuficiência na rigidez dos pórticos estruturais.

Na prática, as alvenarias (pelo menos as convencionais e em especial aquelas formadas por blocos de concreto) influenciam a rigidez das estruturas (embora esta influência não possa e não deva ser considerada nos modelos estruturais). Muitos projetistas confundem as estruturas convencionais com as construções em alvenaria estrutural (neste caso, técnicas e materiais são diferentes), projetando estruturas sem a consideração do vento, ou em muitos casos, reduzindo as solicitações preconizadas pela NBR 6123, visando gerar economia no projeto estrutural e como consequência agradar seus contratantes.

Este fato, no entanto, não pode ser considerado como correto, pois em função das tensões variáveis (cíclicas) provocadas pelo vento, a alvenaria tende a fissurar, perdendo rigidez e transferindo as solicitações para os pilares, que na hipótese de serem insuficientes, permitem fissuras na estrutura de forma geral, além de fraturas crescentes nas alvenarias com infiltrações e outros componentes responsáveis pelo desconforto dos usuários. Estes danos surgirão ao longo do tempo e, portanto, parecerão ser um problema normal da construção, entretanto, uma análise adequada da estrutura demonstra que o real motivo é a falta de adequada rigidez.

Naturalmente, estes são argumentos inaceitáveis, em primeiro lugar por deixar de atender as normas da ABNT (Associação Brasileira de Normas Técnicas - , documentos com valor de lei no Brasil), uma vez que o código de defesa do consumidor (lei brasileira) exige em seu texto o atendimento a todas estas normas, e por outro lado, argumento equivocado, uma vez que a consideração das ações horizontais provocadas pelo vento apresentam sempre valores significativos que, embora, em muitos casos, não sejam indispensáveis à segurança (verificação do ELU), sempre apresentam uma importância fundamental para as verificações dos Estados Limites de Serviços e quanto aos critérios de durabilidade das construções.

Outras ações têm consequência equivalente sobre as estruturas, como é o caso de tráfego de veículos próximo à estrutura (a depender do tipo de terreno), dos sismos, das explosões para desmontes, nos impactos e vibrações contínuas transferidas por equipamentos diversos, como de refrigeração, entre outros.

O tráfego de veículos geralmente não é previsto em função de ter alterações com o tempo. O tráfego de veículos pesados como caminhões e ônibus pode provocar ondas horizontais, semelhantes a de um sismo de pequena intensidade (da ordem de 2 a 2,5 na escala Richter), porém ocorrendo diversas vezes ao dia, causando danos leves inicialmente, que se ampliarão devido à elevada incidência.

Estas ondas se propagam pelo solo gerando ciclos de carregamento que provocam tensões suficientes para originar danos nos elementos de concreto armado inicialmente, ou a longo tempo devido à fadiga. Inicialmente surgem na estrutura microfissuras nos elementos de concreto armado (fundações, pilares e vigas), reduzindo sua rigidez. Esta redução produzirá efeitos crescentes com o tempo, e que poderão variar função da intensidade deste tráfego, da velocidade dos veículos e da qualidade do pavimento. O tipo do solo onde a obra encontra-se implantada e que irá propagar as ondas tem forte influência nos efeitos provocados, podendo funcionar como amortecedor, minorando os efeitos sobre a estrutura, ou em alguns casos, os amplificando e piorando as condições da construção, de forma especial, quanto menos robusta for a estrutura. Desta forma, cuidados especiais devem ser tomados na elaboração do projeto estrutural.

Os sismos naturais ocorrem com elevada regularidade no Brasil, entretanto, conforme o mapa de aceleração sísmica horizontal da NBR 15421/23, a maior parte do Brasil é considerada zona 0, ou seja, nenhuma consideração especial precisa ser tomada nos projetos quanto aos sismos, entretanto, este fato se baseia na hipótese de que o projeto será elaborado em atendimento à norma de ventos, de forma, que os efeitos causados pelos pecuenos sismos são considerados equivalentes aos efeitos dos ventos, uma vez que nos dois casos trata-se de cargas (ou deformações) horizontais que afetam a estrutura. Nas demais áreas, diversas recomendações estão indicadas na norma de sismos mencionada, de maneira que estes efeitos precisam ser considerados de forma que as estruturas projetadas possam apresentar adequado comportamento a estes eventos que ocorrem com considerável frequência no Brasil, atingindo valores consideráveis.

Também equipamentos contendo motores rotativos, como equipamentos de ventilação, refrigeração, entre outros, que venham a ser instalados na própria estrutura ou em sua vizinhança, quando não adequadamente amortecidos, transmitem ondas, com efeitos semelhantes aos descritos anteriormente, ocasionando inclusive processos de fadiga que normalmente não são sequer considerados, seja em projetos novos, ou seja, quando da instalação destes equipamentos, mas que acabam sendo causa de ocorrência de danos na estrutura, comprometendo sua durabilidade.

Outro problema importante quanto às vibrações ocorre quando a estrutura passa a apresentar respostas mais elevadas após uma determinada idade. Este problema ocorre sem que haja acréscimo nas fontes de vibração, mas sim, na perda de rigidez das estruturas ao longo do tempo, fato este que pode ter origem em fraturas de elementos estruturais importantes, iniciando pelas fundações e passando por um estado de fraturas de alvenarias, ou mesmo, pela redução da rigidez estrutural ocasionada pela fissuração, ou perda de seções em decorrência de patologias. Nestes casos as respostas da estrutura às vibrações se tornam crescentes, bem como o acréscimo das respostas tende a provocar evolução de fissuras tornando-se um sistema autoalimentado até o comprometimento da segurança da estrutura, uma vez que o estado limite de utilização já fica comprometido quando o problema é percebido.

Esta causa das vibrações não associada aos projetos, mas não menos importante, normalmente acaba sendo constatada pelos usuários quando após determinados eventos começam a perceber a movimentação do prédio em determinados instantes. Casos em que o sistema de amortecimento do equipamento perde efetividade, ou onde eixos perdem o balanceamento, ou mesmo estruturas se deterioram perdendo rigidez de forma significativa são causas onde estruturas, até então bem comportadas, passam a permitir que os usuários sejam incomodados com as vibrações.

4.3 Cargas Excessivas

Este problema pode ter causas variadas, como falhas de projeto quanto a avaliação da carga a ser considerada para um determinado uso, efetivos erros no valor das cargas adotadas, falta de determinação das combinações que sejam críticas, falta de consideração da alternância de carregamentos, ou ainda, problemas relacionados à execução (peças com dimensões inferiores, espessuras excessivas de revestimentos, entre outras) ou ao uso (cargas em excesso podem ser depositadas na estrutura).

As alternativas de ocorrência de erros nas considerações dos carregamentos, em projetos de edifícios é muito comum, em especial quando cargas mais elevadas estão envolvidas. A norma brasileira de projetos, NBR 6118, determina que sempre que as cargas acidentais ultrapassarem 5 kN/m^2 ou representarem mais que 50% do carregamento total, devem ser consideradas as alternâncias de carregamento, o que significa analisar alternativas de carregamentos alternados entre os diversos vãos, e ainda assim, com diversas combinações entre vãos com atuação das cargas acidentais e outros somente com a atuação das cargas permanentes.

Para cada uma destas possibilidades (que são inúmeras) devem ocorrer as combinações previstas para as verificações do Estado Limite Último e para todas as demais de verificação dos Estados Limites de Serviço. Embora na maioria dos casos a envoltória resultante seja obtida com o uso de programas de computador, os quais não fazem a alternância automaticamente, em geral, enviam avisos que o projetista deve tomar conhecimento e informar ao programa que deseja realizar esta forma de análise mais completa.

Existem casos em que mesmo não sendo exigência normativa esta verificação deve ser realizada, que é o caso dos balanços e suas lajes contíguas. Nestes casos as análises do balanço carregado ao máximo e as lajes descarregadas, ou *vice-versa*, em muitas vezes dependendo da combinação de vãos provoca situações em que a estrutura da laje e vigas está submetida a ações muito diferentes daqueles para as quais foi projetada, resultando do surgimento de um estado de fissuração que no mínimo compromete a vida útil da estrutura.

No exemplo a seguir observa-se que para um determinado carregamento, no dimensionamento de uma laje com o carregamento acidental aplicado no vão e no balanço obtém-se o momento máximo do balanço, entretanto, o momento e a deformação no vão ficam subdimensionados na hipótese de não ocorrer a carga acidental no balanço. Neste caso é possível observar que o momento positivo máximo no vão cresce em 30%, uma diferença que não pode ser desprezada, da mesma forma que a deformação máxima no vão cresce 84%. Naturalmente estes percentuais dependem da relação entre a carga permanente e a carga acidental. Neste caso foi adotada uma carga permanente de 2,5 kN/m e uma acidental de 1,5 kN/m, apenas como referência.

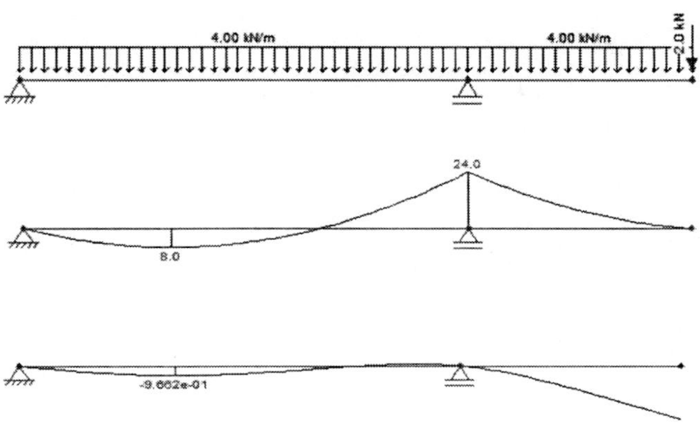

Figura 8: Dimensionamento de uma laje (unidirecional) com carga acidental aplicada no balanço = momento máximo negativo.

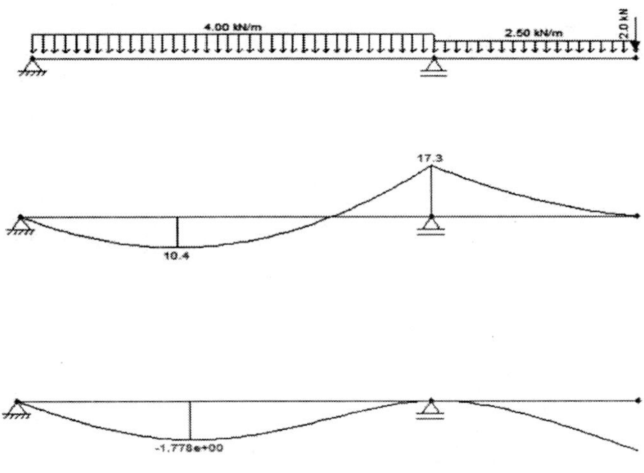

Figura 9: Dimensionamento de uma laje (unidirecional) com carga acidental aplicada apenas no vão = momento máximo positivo.

Não podem ser esquecidos os carregamentos de vento que devem ser definidos em cada estrutura de forma particular, sendo adotados cuidadosamente os parâmetros de localização da obra, de interferências com outras construções e/ou obstáculos naturais. A correta informação dos dados necessários à análise pode evitar o surgimento de solicitações não avaliadas, devido aos efeitos do vento diretamente e a sua combinação com os demais carregamentos, e mesmo com alternância destes quando consideradas.

Em muitos projetos podem ser observadas a não consideração adequada de obstáculos que podem minimizar os efeitos do vento, resultando em estruturas com custo superior ao necessário.

Os sismos nas regiões previstas pelos regulamentos de projeto (zona diferente de zero conforme a NBR 15941/23) não podem ser desprezados, devendo da mesma forma que o vento, que os programas de cálculo sejam abastecidos com as devidas e adequadas informações indispensáveis à formação dos carregamentos, visando garantir que na sua ocorrência a estrutura esteja adequadamente preparada para resistir às solicitações decorrentes dos movimentos das bases, provocados por este fenômeno.

No caso dos sismos diversas informações importantes devem ser fornecidas, como o tipo de terreno em que a obra será implantada, classe do edifício e método de análise, que dependerá da zona em que a obra se encontra conforme o mapa da NBR 15421/23.

Os carregamentos resultantes dos empuxos de solos junto à estrutura constituem outro fator de relevante importância no dimensionamento correto de uma estrutura, seja de um edifício ou para qualquer outra utilidade. Estas cargas horizontais tendem a provocar deformações significativas na estrutura, de forma especial durante as fases construtivas, quando muitas vezes as cargas verticais atuantes ainda não são suficientes para a estabilidade destas solicitações. Vários casos são conhecidos de ruptura de estruturas durante a fase construtiva por falta de adequada avaliação em projeto das condições diferenciadas que ocorrem nesta importante fase de existência da estrutura. Em geral, as condições das etapas de construção não costumam ser avaliadas na elaboração dos projetos estruturais. Alguns programas permitem a análise incremental relativa às fases da construção da estrutura, mas a introdução de empuxos e cargas horizontais adicionais não é efetivada de forma automática.

Relativamente às cargas horizontais a NBR 6120/19 informa a necessidade de consideração de cargas horizontais nos pilares dos pavimentos de garagem visando representar a hipótese de impacto de veículos. Também recomenda a consideração de um determinado veículo tipo (tipo de carregamento definido pela norma para simular a passagem de veículos sobre a laje) a ser aplicado nos pontos críticos do pavimento por onde podem circular (cargas verticais móveis). Estas cargas habitualmente não são aplicadas por limitações dos programas e por falta de conhecimento da maioria dos projetistas. Deve ser aqui considerado que estas cargas já estavam previstas na NBR 7188/13, sem que a maioria dos projetistas de edifício sequer tivesse conhecimento (ver capítulo 7 da norma mencionada – "Ações em estruturas de garagem"), por tratar-se de uma norma habitualmente utilizada pelos projetistas de pontes.

Outra região onde se constatam erros graves na definição dos carregamentos são as áreas de lazer, zonas onde em muitos empreendimentos são instalados postes com luminárias, piscinas e árvores (algumas de grande porte) que certamente transmitirão à estrutura ações não previstas, de forma especial, cargas dinâmicas resultantes dos efeitos do vento sobre elementos de maior altura ou sobre a água das piscinas. Este fato, de elevado significado tanto para a segurança quanto para o funcionamento e durabilidade das estruturas, resulta do fato de que em muitas vezes o projeto arquitetônico indica um simples jardim e posteriormente são utilizadas plantas de grandes dimensões (vários metros em alguns casos). Entretanto, é muito comum a previsão destas plantas e o projeto desconsiderar a carga da camada de solo necessária ao plantio, ou ainda, na maioria das vezes se considera a camada de solo seco, fato que deixa de ser verdadeiro na primeira chuva, quando o peso específico do solo é majorado pela saturação até que ocorra a adequada drenagem.

Além de todos estes carregamentos, o projetista ao elaborar um determinado projeto deve prever com cuidado todos os carregamentos que podem afetar a estrutura, dentro dos parâmetros do bom senso, não sendo coerente a considerações de cargas exageradas ou de ocorrência improvável. Em muitas situações, a depender da localização da obra, devem ser previstos, por exemplo, impacto de veículos, conforme mencionado, e outras situações que sejam inerentes ao caso particular em estudo.

De qualquer forma a consequência do problema dos carregamentos inadequados, está na ocorrência de tensões mais elevadas do que aquelas consideradas no dimensionamento e suas consequentes deformações. Estas tensões mais elevadas, normalmente vão provocar estado de fissuração e suas consequências já discutidas anteriormente.

Deve ainda ser considerado que mesmo que as fissuras estejam em acordo com os limites previstos e aceitos pelas normas brasileiras, qualquer abertura no concreto caracteriza porta de entrada de agentes agressivos e quando as fissuras ocorrem, certamente o tempo de vida útil de projeto da estrutura fica comprometido. Quando existe a expectativa de ocorrência de estado de fissuração é importante que sejam previstas e recomendadas medidas de proteção das estruturas, preferencialmente pela introdução de cristalizantes junto à massa do concreto fresco.

A previsão de adequado carregamento e sua correta utilização são fatores fundamentais para a durabilidade das estruturas, em atendimento aos parâmetros prescritos pelas normas técnicas, que no caso de prédios residenciais no Brasil (conforme NBR 15575 – Norma de desempenho), exige um mínimo de 50 anos de vida útil de projeto, fato que na prática significa que neste tempo as armaduras no interior do concreto armado não podem perder a sua proteção contra a corrosão. A velocidade de avanço da carbonatação, ou da contaminação por cloretos, naturalmente é função direta da qualidade do concreto, mas depende especialmente de que este material se mantenha íntegro pelo maior tempo possível, e que receba adequada manutenção conforme previsto nos manuais de utilização das estruturas.

Figura 10: Jardins sobre lajes causando carregamentos elevados, em especial devido ao efeito do vento.

4.4 Dimensionamento Insuficiente

Apesar de os modelos de dimensionamento das estruturas de concreto armado serem atualmente bastante conhecidos e apresentarem um comportamento adequado à realidade das estruturas, o uso dos programas tem sido fonte de uma quantidade grande e crescente de erros de análise e dimensionamento, fator de elevada importância na análise das condições de integridade e de durabilidade das estruturas de concreto armado.

Embora pareça muito simples reproduzir um modelo estrutural em um programa de computador, é importante entender que além da parte gráfica, efetivamente simples e atrativa de ser feita, existe um conjunto muito grande de fatores a serem considerados, de forma individual para cada projeto, que são fundamentais para a qualidade do resultado das análises. Além das cargas, discutidas no item anterior, as ligações entre os elementos, ou seja, os nós, dependem de especificações individuais que podem alterar de forma radical o dimensionamento e mesmo o comportamento das estruturas. As ligações de vigas e pilares, vigas e lajes, entre outras, quando não definidas individualmente pelo projetista, interferem fortemente no resultado das solicitações geradas em cada ponto, afetando de forma significativa os resultados obtidos na análise do modelo estrutural.

Neste ponto deve ser discutido que as alternativas de rótulas e engastes, geralmente disponíveis nas montagens dos modelos das estruturas, são situações absolutamente inexistentes nas estruturas de concreto armado, ou seja, rótulas só existem se um elemento se comunicar com outro por meio de aparelhos de apoio com efetiva liberdade de movimentação, enquanto os engastes absolutos não ocorrem. A realidade indica que o comportamento será sempre intermediário entre as duas situações conceituais, ou seja, na realidade, nas peças de concreto armado sempre teremos um engastamento parcial, equivalente à ação de uma mola para a qual o projetista sempre deverá definir a rigidez em cada caso. O comportamento destas ligações está diretamente associado à relação de rigidez dos elementos (fato considerado nos modelos), mas que depende necessariamente que a rigidez do elemento construído seja similar a do elemento projetado, fato que pode ser alterado de forma significativa pela modificação no posicionamento das armaduras e pelo módulo de elasticidade do concreto.

Casos particulares, como estruturas pré-fabricadas onde vigas se apoiam em aparelhos de apoio, efetivamente se comportam como articulações, entretanto, em nenhuma hipótese a situação de engastamento perfeito se configura, uma vez que o material concreto apresenta uma considerável capacidade de ductilidade, de forma especial quando armado a partir de um adequado detalhamento, sendo que este tema será discutido com mais profundidade na sequência deste texto.

Também as conexões das estruturas com suas fundações são outra causa habitual de erros de projeto, com consequências de comprometimento da funcionalidade e da durabilidade das estruturas de concreto armado.

Mais uma vez é possível afirmar que as rótulas e os engastes absolutos não existem, entretanto, a experiência mostra que na maioria dos casos o projetista das estruturas opta pelo engastamento da base para resolver problemas de estabilidade global. Sempre que o modelo se apresenta com muita deformabilidade, ou seja, com rigidez insuficiente, ocasionando valores elevados do parâmetro gama-z, resultando em deformações no topo da estrutura que extrapolam os limites normativos, muitos projetistas engastam as bases e aparentemente solucionam os problemas, ou seja, o programa "passa". Ao engastar a base estes problemas são reduzidos de forma drástica, formando a falsa sensação de que a análise atendeu aos limites, e, portanto, pode ser considerada aceita.

A ductilidade dos elementos de concreto armado, variável em função da esbeltez dos elementos frente às solicitações a que estão submetidos, associada à quantidade e posição de armadura no interior destes elementos, altera de forma determinante o comportamento de cada componente de uma estrutura. A avaliação da ductilidade adequada à redistribuição dos momentos se constitui no objetivo de uma análise cuidadosa que deve ser efetivada em cada projeto.

A alternativa a este problema é um estudo mais cuidadoso da estrutura com os devidos ajustes e alterações nos parâmetros que influenciam a rigidez global, tarefa extremamente facilitada com o uso dos programas habituais de dimensionamento, mas que devido, muitas vezes à falta de experiência, à falta de tempo ou à falta de conhecimento da análise estrutural, se torna mais fácil engastar a base e "solucionar" o problema, transferindo diversos momentos excessivos ao projetista de fundações.

Por sua vez, o projetista das fundações, desconhecendo a origem das solicitações que lhe são fornecidas, acaba projetando fundações caras e ineficientes, uma vez que, por mais estacas ou elementos de fundação que se projete a estrutura sempre se comportará de forma diferente da concebida, introduzindo solicitações acima daquelas que o modelo pode prever, provocando tensões e deformações que comprometerão o uso e a durabilidade das estruturas. O tema fundações será tratado com mais destaque posteriormente. Na sequência serão discutidos diversos temas que são deixados ao acaso nos projetos estruturais e que apresentam sérias consequências quanto à integridade, durabilidade e segurança das estruturas de concreto armado.

4.4.1 Insuficiência de Rigidez

Uma das primeiras etapas de um projeto estrutural é a escolha das dimensões geométricas dos elementos que constituirão a estrutura do edifício. Geralmente, atendimento a exigências arquitetônicas e dimensões mínimas normativas são as primeiras premissas a serem atendidas. Na sequência, a escolha das dimensões se dá pela experiência do projetista em conjunto com demanda dos construtores de gastar a menor quantidade possível de materiais, fato voltado aos objetivos de economia máxima na construção.

A partir destas premissas, em geral a estrutura é definida com as menores dimensões que o programa considere aceitável e não apresente erro grave suficiente à paralisação do processamento. Algumas insuficiências apontadas pelos programas, como deformação global excessiva e eventuais flechas em vigas, de forma especial quando as flechas ultrapassam o limite de 10 mm preconizado para elementos que suportam alvenarias (ver capítulo 13 da NBR 6118/23), são deixados de lado, garantindo a economia máxima do projeto e confiando que as paredes de fechamento contribuirão com o controle das deformações excessivas. Estes fatos são observados com regularidade em grande quantidade de projetos revisados.

Com a disponibilidade de concretos com resistência cada vez maior, atualmente podemos considerar habitual em edifícios o uso de concreto com f_{ck}=30 MPa, enquanto há 50 anos tínhamos como habitual 15 MPa (acréscimo de 100%), é normal que o dimensionamento do concreto armado permita o uso de peças com menores dimensões. Atualmente no Brasil o limite superior de resistência à compressão do concreto passou de 50 MPa até 2014 para 90 MPa (acréscimo de 80%) preconizado pela NBR 6118/14 e mantido na versão de 2023. Esta diminuição na seção dos elementos reduz a rigidez das peças, devido ao menor momento de inércia, não compensada pela elevação do módulo de elasticidade, apesar de ser o mesmo crescente com o acréscimo da resistência à compressão do concreto. Assim é possível afirmar que o uso de concretos de maior resistência em seções menores sempre irá causar um "prejuízo" no valor do coeficiente de rigidez à flexão (EI).

Além dos problemas envolvendo o módulo de elasticidade, já discutidos anteriormente, a escolha por dimensões pelo critério do "menor possível" impõe às estruturas uma elevada deformabilidade, a princípio minimizada efetivamente pela rigidez das alvenarias, que por sua vez, submetidas a solicitações acima de sua capacidade vão ocorrendo pequenas e crescentes rupturas, permitindo assim um aumento na deformação da estrutura ao longo do tempo e o surgimento de micro e pequenas fissuras nos elementos estruturais, por onde os processos de deterioração se propagam. Então ocorre surgimento de patologias em poucos anos, em geral suficientes para cumprir o período de cinco anos (considerado como garantia pela construção), e desse modo passar toda a responsabilidade pelos danos ao condomínio como serviços de manutenção obrigatório.

Esta prática naturalmente agrada em muito os construtores, entretanto, vai se tornar um problema muito sério em curto prazo em vista da efetiva vigência da NBR 15575/13 (atualizada para versão de 2021) que preconiza uma vida útil mínima de projeto para edifícios residenciais de

50 anos, a ser definida por projeto, execução e utilização adequada da estrutura, incluindo manutenção conforme manual emitido pela construtora.

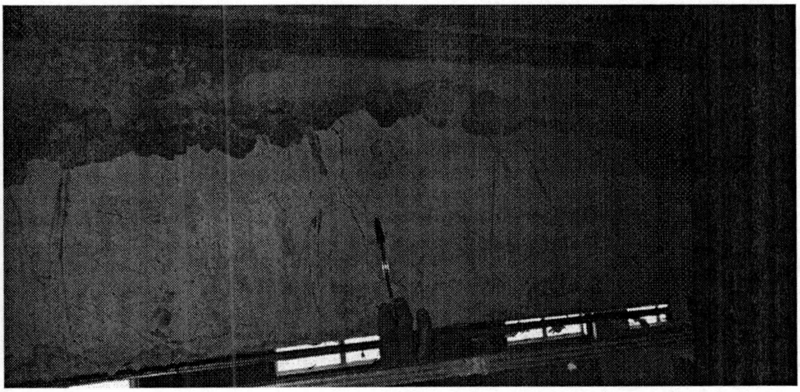

Figura 11: Diversas fissuras devido à falta de rigidez adequada.

Com base na norma de desempenho (NBR 15575/13), a responsabilidade do projetista e do construtor (como também dos usuários) será cobrada pelo período indicado, em função dos parâmetros adotados em projeto e dos cuidados tomados na construção. A Vida Útil de Projeto representa o período em que o aço permanece protegido da corrosão no interior da massa de concreto, ou seja, a ocorrência e o avanço do estado de deformações excessivas e o estado de fissuração comprometerá esta condição muito antes do período mínimo de 50 anos, demonstrando a responsabilidade do projetista.

É fundamental que os projetistas de estruturas de concreto armado tenham a consciência de que não é mais possível buscar a economia como parâmetro principal de projeto, mas sim, a durabilidade tem que se tornar a meta a ser atingida.

Posteriormente este texto discutirá a importância da robustez das estruturas, de forma complementar ao tema aqui discutido, quando será importante o avanço no entendimento de quais zonas deverão ser projetadas com maior cuidado mesmo envolvendo um maior consumo de materiais.

De forma geral essa baixa rigidez tem mostrado suas consequências em tempo bem curto nos primeiros pavimentos tipo, que não têm a alvenaria sobre ele para disfarçar os seus efeitos danosos. Como os programas não consideram a rigidez da alvenaria, o dimensionamento de cada pavimento é efetivado estritamente com as cargas que lhe são aplicadas diretamente. O efeito da transferência de carga entre os pavimentos ao longo das alvenarias é desconsiderado, gerando na estrutura real um comportamento bastante diverso daquele observado no modelo computacional.

4.4.2 Cargas inadequadas devido aos erros na concepção do modelo computacional

Na concepção do modelo computacional para a análise das solicitações e o dimensionamento é muito comum a ocorrência de erros devido a recursos que permitem copiar o carregamento de uma laje à outra ou entre pavimentos. Embora sejam recursos extremamente úteis do ponto de vista da produtividade, são expedientes que permitem com muita facilidade a aplicação de carregamentos inadequados, sejam cargas acidentais sobre lajes ou cargas permanentes adicionais geradas por paredes ou divisórias. Em muitos casos até dimensões copiadas por engano são constatadas em revisão de projetos. Cargas especiais em pavimentos que deixam de ser colocadas, ou que são copiadas para todos os pavimentos quando só existiam em pavimentos especiais.

É muito comum a introdução de aberturas em um vão e sua cópia para outros pavimentos que não deveria contemplar a redução de carregamento gerada pela abertura indevida. Da mesma forma são comuns alterações de dimensões dos elementos estruturais em um pavimento específico que se reproduzem indevidamente para os posteriores. E assim os projetos vão sendo concebidos de modo rápido e eficiente, da mesma forma que os erros vão sendo propagados com maior eficiência ainda.

A experiência nos mostra que embora alguns destes erros possam ser considerados desprezíveis na análise da estrutura em sua integridade, as repetições de um mesmo erro por 15 a 20 andares já representa valores significativos, quando analisadas as cargas em fundações, ou no dimensionamento de pilares dos primeiros pavimentos.

De forma geral, os programas desenvolvidos para auxiliar e permitir velocidade na entrada de dados formam um conjunto de armadilhas em que os projetistas afoitos vão sendo "vitimados" a cada instante. Em geral, nos escritórios, a concepção dos modelos é realizada por profissionais menos experientes na análise das estruturas, passando posteriormente os modelos a profissionais mais experientes que os revisam, entretanto, o tipo de erro de carregamento é um erro inesperado, ou seja, é um erro que não se imagina que foi cometido, os programas não conseguem identificar como erro, e, portanto, os projetistas não o percebe, mesmo durante uma revisão cuidadosa necessária para estas situações.

Geralmente, nesta etapa, a revisão de dados é superficial, de forma que o principal objetivo da revisão é a análise dos resultados de forma a verificar o comportamento geral da estrutura. Assim sendo, a maioria dos erros vai se mantendo no modelo, levando a um dimensionamento e a um detalhamento incoerente com a realidade a ser construída.

Casos verificados mostraram cargas introduzidas por engano, de 0,3 kN/m^2, como carga permanente, incorporada em pavimentos de 350 m^2 repetidos 15 vezes, resultando em 1575 kN adicionais nas fundações. Este acréscimo de carga, além de resultar em um projeto de fundações consideravelmente mais caro, também altera a avaliação de parâmetros fundamentais na análise da estabilidade global do edifício, como γ_z, determinante na classificação das estruturas como sendo de nós rígidos ou móveis, que vai influir diretamente no cálculo das deformações globais do edifício. Isto afeta o dimensionamento dos pilares com a necessidade ou não de consideração de efeitos de segunda ordem e de como considerá-los. No caso avaliado, o parâmetro tem uma redução, podendo ocasionar no dimensionamento uma condição de insegurança, por dispensar verificações que deveriam ser obrigatórias.

Em outras situações são deixadas de incorporar cargas importantes, normalmente gerando uma redução do γ_z, fato que leva o dimensionamento dos pilares à exigência de verificações mais rígidas com elevação de dimensões e armações. Este fato é interessante, pois a consideração de cargas menores parece levar a redução no dimensionamento dos pilares, entretanto, considerando que eles são dimensionados à flexo-compressão, um menor carregamento faz com que a influência dos momentos de flexão seja elevada, complicando bastante o dimensionamento. Este fato também provoca a necessidade de acréscimos em vigas para elevar a rigidez da estrutura, e atender às verificações de estabilidade global.

Naturalmente que outras considerações que deixam de ser efetivas ou que o são de maneira incorreta, como é o caso do vento, podem levar a situações de superdimensionamento, com grande influência no custo da obra, ou a situações que permitem uma grande economia com elevado comprometimento da segurança da estrutura resultante.

4.4.3 Desconsideração de cargas dinâmicas

Da mesma forma, como já discutido anteriormente no item de vibrações, as cargas dinâmicas geralmente relegadas a um segundo plano nas análises da Engenharia Civil, aparecem muitas vezes em equipamentos, aos quais os projetistas se preocupam com a carga vertical, mas sequer consideram que estes equipamentos possam ser fonte de vibrações. O local de implantação destes equipamentos, em geral definido pelo projeto arquitetônico ou pela empresa de instalação, normalmente deixa de ser avaliada pelo projetista estrutural e assim mais um problema se acumula aos demais com real comprometimento da vida útil da estrutura.

Como mencionado, conforme recomendação da NBR 6120/19, nos pavimentos onde possa haver tráfego de veículos existe a necessidade de consideração de um veículo tipo (conforme a classe da garagem) posicionado nos pontos críticos dos panos de lajes e das vigas. Esta carga, não considerada no carregamento, resulta na definição de solicitações mais elevadas que devem ser adequadamente equilibradas de forma que não haja fissuração inesperada. Deve ser considerado que os programas estão começando a apresentar recursos que permitam estas análises, sendo que cabe sempre ao projetista o uso dos recursos, que não aparecem de forma automática.

O tráfego de veículos sobre lajes de grandes vãos e reduzida espessura, ou seja, de reduzida rigidez, lajes para uso de academias ou salões de festas, em muitos casos apresentam excitação suficiente para gerar respostas elevadas, que provocam desconforto dos usuários e micro fissuração dos elementos de concreto, com elevado potencial de ampliação das aberturas e comprometimento da durabilidade da estrutura.

Ressalta-se que o parâmetro de controle de vibrações exigido pelo capítulo 23 da NBR 6118/23, ou seja, que a frequência natural da estrutura deve ser maior que a frequência de excitação do elemento estrutural x 1,2, nem sempre assegura respostas confortáveis da estrutura, devendo em lajes mais esbeltas ou submetidas a maior nível de excitação ser realizada uma avaliação dinâmica das respostas de modo a garantir os Estados Limites de Serviço de vibrações excessivas.

As estruturas de grande esbeltez não estão previstas nas regulamentações normativas, cabendo ao projetista avaliar quando basta considerar as cargas estáticas preconizadas pela NBR 6120/19, ou quando deve ser realizada uma análise dinâmica mais elaborada, com a determinação dos principais modos de vibrações e suas frequências naturais a serem comparadas com as frequências de excitação.

A não consideração adequada das cargas de vento e dos efeitos dos sismos (quando necessário), resulta em estruturas extremamente vulneráveis a estes fenômenos.

Outras cargas dinâmicas em geral não consideradas nos projetos são as cargas eventualmente geradas pela cravação de estacas, em obras vizinhas ou de ampliação, ou mesmo por explosões ocasionadas por demolições ou desmonte de rochas em região próxima à construção. Em muitos casos as etapas complementares do mesmo empreendimento envolvem estes carregamentos.

Estas últimas cargas, quando não previstas, devem ser consideradas pelos responsáveis por estes eventos, que deverão verificar a capacidade de suporte das construções vizinhas.

4.4.4 Desconsideração dos efeitos diferidos

Outro fator que desperta pouca ou nenhuma preocupação na elaboração dos projetos estruturais, tendo consequências de considerável gravidade quanto à durabilidade, são os efeitos diferidos do concreto, ou seja, retração e fluência. Normalmente é admitido pelos projetistas que estes parâmetros já são considerados pelo programa de cálculo e deixam de representar preocupação. Esses efeitos, no entanto, provocam tensões no concreto ainda nas primeiras idades, quando o mesmo apresenta pouca capacidade de suporte, provocando fissuras cuja consequência é inicialmente o comprometimento da integridade das lajes, vigas ou pilares e ao longo do tempo o comprometimento de sua durabilidade e segurança.

Efetivamente os programas de análise estrutural podem considerar a retração e a fluência do concreto para o caso das deformações em vigas e lajes, entretanto, para que esta análise seja adequada, é fundamental que o programa seja abastecido com informações coerentes com as condições que vão ocorrer verdadeiramente na estrutura, ou seja, é fundamental que seja informada a umidade relativa do ar média do local de implantação da obra e a idade de aplicação do carregamento, no mínimo. Esta idade de carregamento deve ainda ser dividida em fases, como sendo aquela em que o escoramento será retirado, quando a estrutura será submetida à flexão pela primeira vez, bem como, é fundamental uma estimativa da idade em que as cargas permanentes adicionais serão incorporadas, como as paredes, revestimentos e equipamentos. Estas informações são estimadas, mas considerando-se a sua importância na determinação das deformações da estrutura, em função dos efeitos diferidos que ocorrem com o material concreto, merecem atenção em sua determinação. Na maioria dos casos os projetos consideram informações padrão, sob a alegação que nem os construtores sabem como estes fatos vão ocorrer. Na realidade devem ser adotados valores coerentes, a serem informados no projeto, de forma que a execução da obra, de posse destas informações, possa fazer cumprir estes prazos de maneira adequada.

É fundamental que seja esclarecido que o bom desempenho de um projeto depende da interface entre projetista, construtor e usuário. O desenvolvimento de um projeto requer diálogo entre as partes, sendo então tomadas decisões que deverão ser documentadas, pois devem constar das notas nos desenhos, ou em documentos associados aos projetos, com entrega registrada ao contratante, para que as decisões tomadas no projeto venham a se tornar realidade em função da responsabilidade técnica do construtor, que tem a obrigação de atender às recomendações de projeto, assumindo integralmente a responsabilidade em caso de não atendimento. Da mesma forma a norma de projeto estrutural (NBR 6118/23) já indica que ao concluir uma construção a construtora deve gerar o manual do usuário, que deve conter as definições utilizadas pelo projetista de estrutura, seja em relação às cargas para as quais a estrutura foi dimensionada, critérios de manutenção, entre outros.

Outro fator de relevância em relação à fluência do concreto deve ser considerado nos pilares, em especial nos edifícios de maior altura ou nas estruturas com elevada carga atuante. Nestes casos as tensões de compressão nos pilares se tornam mais elevadas e desta forma a deformação específica elástica devido à fluência se torna mais significativa. Estas deformações específicas, quando ocorrem de forma muito diferente entre os vários pilares de uma estrutura, fato bastante comum na maioria das grandes obras, devido às tensões diferentes causadas por cargas diferentes e seções variáveis, podem ter efeito semelhante aos recalques diferenciais, provocando o surgimento de solicitações inesperadas nas estruturas. Entre outros fatos podemos encontrar tensões de tração onde uma análise simplista do modelo estrutural indicava tensões de compressão e sem necessidade de maior armação. Nestes casos a tração irá provocar a quebra dos elementos de concreto com suas habituais consequências, como redução de rigidez, surgimento de fissuras e comprometimento da durabilidade.

Ainda no mesmo tema, muito cuidado deve ser tomado com as vigas de transição, ou seja, aquelas vigas sobre as quais nascem pilares. Nestes casos é importante garantir que haja uma similaridade entre as deformações dos pilares de entorno e aquele que nasce sobre um elemento que tende a se deformar ao longo do tempo devido à fluência. É impossível a garantia de deformações específicas iguais, entretanto, valores próximos deveriam ser almejados nos dimensionamentos, visando minimizar de maneira substancial as diferenças e suas consequências.

O efeito da fluência ainda é um tema bastante obscuro no conhecimento do comportamento do concreto armado sob tensão ao longo do tempo. De forma geral, a literatura indica a fluência como uma função assíntota ao longo do tempo, sendo assumido, de forma simplista, que após cerca de dois anos a fluência se torna desprezível, sendo em geral o fenômeno tratado desta forma por aqueles que consideram o efeito. Entretanto, nos elementos sem revestimento, expostos a ciclos contínuos de molhagem e secagem, em muitos casos já foram constatadas deformações específicas após período superior aos 20 anos, que pode ser definido como causado por uma "fluência tardia", devido as inúmeras reações químicas e alterações na estrutura molecular que o concreto passa ao longo do tempo, de forma especial nas condições acima descritas. Este efeito tende a ser mais significativo em elementos submetidos a tensões mais elevadas, ocorrendo muito em grandes balanços, em vãos elevados em relação à rigidez, onde o dimensionamento era realizado na técnica denominada de armadura dupla, ou seja, quando a verificação mostrava a ocorrência de domínio 4, sendo necessária a introdução de armadura comprimida para formar um binário complementar com armadura adicionada na zona tracionada (além da necessária para compor o binário com o concreto comprimido).

Este efeito tem sido minimizado nos projetos posteriores à versão de 2014 da NBR 6118, considerando a limitação de espessura para os balanços em 10 cm, sendo que aqueles inferiores têm um coeficiente de majoração adicional, como já acontecia com pilares de dimensão inferior a 19 cm.

Estas medidas garantem a formação de magnitudes de tensão mais controladas, minimizando os efeitos da fluência (tardia ou não), diretamente proporcional às tensões dos elementos estruturais. Também as limitações impostas pela mesma norma quanto ao posicionamento da linha neutra, que praticamente inviabilizam o dimensionamento denominado "armadura dupla", reduzem em muito as magnitudes das tensões predominantemente em vigas, minimizando as condições para a ocorrência das deformações específicas por fluência.

Figura 12: Fraturas em alvenaria devido à deformação específica lenta (fluência tardia) dos elementos estruturais, em vigas de grande esbeltez no pavimento inferior, dimensionadas com "armaduras duplas".

O capítulo 8 da NBR 6118/23 e especialmente o seu Anexo A, por meio das tabelas no primeiro caso e das equações no segundo, mostram todos os fatores de influência no controle deste fenômeno, que em nenhuma hipótese pode ser relegado a um segundo plano. A norma mencionada deixa claro que nos casos mais simples, as tabelas do capítulo 8 são suficientes, entretanto, em casos especiais, compostos por vãos maiores ou estruturas submetidas a carregamentos mais acentuados, devem ser utilizadas as equações do Anexo A, por apresentarem maior precisão e eficiência. Esta maior precisão irá depender substancialmente da qualidade dos dados utilizados nas equações, dados esses dependentes do clima relativo ao local de implantação da estrutura, das propriedades do concreto a ser utilizado, incluindo parâmetros executivos como lançamento, adensamento e cura.

4.4.5 Deformações excessivas

A contínua busca por soluções mais econômicas, associada aos concretos de mais elevada resistência e aos modelos de maior precisão numérica, de forma geral tem permitido o desenvolvimento de projetos que permitem uma elevada deformabilidade devido à redução da rigidez dos elementos estruturais, como visto anteriormente. Apesar de estarem sempre em conformidade com os limites determinados pelas normas técnicas, os projetos admitem que as estruturas, quando trabalhando dentro das solicitações admitidas, se aproximem muito dos limites, sendo estes em muitos casos excessivos e inadequados, tanto para a utilização das construções, mas, sobretudo, por permitirem que o concreto trabalhe com tensões elevadas. Estes limites podem se tornar muito arriscados, por dependerem diretamente da qualidade da execução. Quando esta qualidade não se torna efetiva, as deformações tendem a crescer de forma significativa, comprometendo os estados limites de utilização e muitas vezes provocando sério comprometimento da segurança estrutural.

As normas mais recentes têm limitado de forma mais efetiva estas deformabilidades, por meio de critérios que visam garantir a ductilidade das estruturas, em especial quando são utilizados concretos da mais alta resistência.

Desde 2003 as normas brasileiras limitam a deformabilidade de lajes e vigas que suportam paredes de alvenaria em 10 mm, independentemente do vão, uma vez que as paredes de alvenaria, cerâmica ou de blocos de concreto apresentam reduzida capacidade de deformação, ocorrendo fraturas quando o seu elemento de suporte se deforma. Em especial nos vãos que são utilizados na atualidade entre 5 e 8 m, onde as flechas, sem a limitação dos 10 mm, poderiam ser aceitas na razão de L/250, ou seja, entre 20 e 32 mm, respectivamente.

Muitos projetos analisados deixam de respeitar a limitação dos 10 mm, seja pelo uso de programas em versões antigas, ou pela falta de atenção dos projetistas aos avisos emitidos, uma vez que este fato não interrompe o programa, mas apenas informam quanto à existência de uma não conformidade. É muito comum encontrarmos paredes com fissuras significativas, indicativas de excesso de deformação dos elementos de apoio.

Este fator não se apresentava nas estruturas mais antigas, sendo possível observar um comportamento adequado na maioria das construções anteriores aos anos 60 do século passado, passou a ser significativo no final daquele século e no atual.

O excesso de deformações aceitáveis em muitos projetos, reduzindo a ductilidade das estruturas a limites muito pequenos, ocasiona o surgimento de fissuras em grande quantidade, fato este que, conforme já discutido exaustivamente no presente texto, torna-se causa importante de formação das manifestações patológicas do concreto, comprometendo profundamente a sua durabilidade.

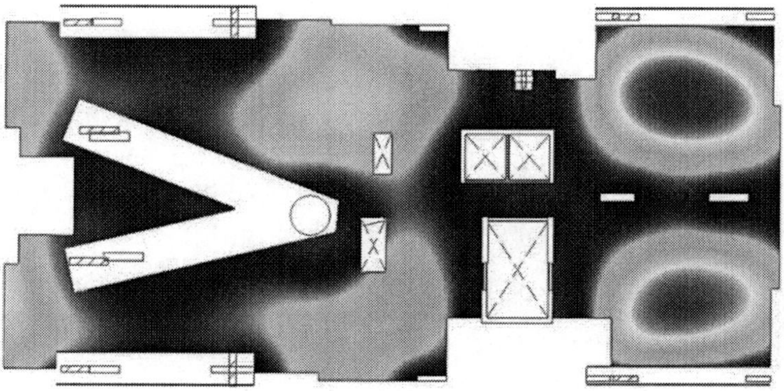

Figura 13: Excesso de rigidez de um lado e excesso de deformações na outra lateral: estrutura desequilibrada.

Deve ser considerado que os limites normativos são determinados dentro da hipótese de que a obra seja executada com adequada qualidade; existem coeficientes de segurança visando proteger uma quantidade coerente de falhas. Entretanto, por diversos motivos envolvendo falhas construtivas, que serão discutidas no capítulo seguinte, as deformações reais são excessivas, fazendo com que haja forte comprometimento da integridade e da durabilidade dos elementos de concreto armado.

Nas obras antigas esses problemas praticamente não ocorriam, as construções eram executadas com muito mais cuidado e qualidade, mas também sem o uso dos grandes vãos que se tornaram possíveis pela elevada resistência do concreto e do aço, resultando naturalmente em obras com maior durabilidade e com menor custo de manutenção.

Tem sido muito comum na análise de projetos estruturais elaborados atualmente, encontrar falhas de especificações de materiais associadas às inadequadas configurações nos programas, além de inobservância de avisos emitidos pelos programas, que resultam em deformações previstas bem acima dos limites normativos. Estes fatos, associados às falhas executivas, têm ocasionado, de forma muito comum, a necessidade de implantação de procedimentos de recuperação e de reforço estrutural antes que a obra seja concluída ou nos primeiros anos de utilização.

Existe ainda outro problema associado ao fato de os programas, ao não considerarem a existência efetiva das paredes, com suas rigidezes efetivas, desprezarem a transferência de cargas entre os pavimentos, ou seja, os primeiros pavimentos, de forma especial nos pavimentos sobre garagens, que normalmente não estão "apoiados" em alvenarias, onde ocorrem deformações muito elevadas, de forma especial nos casos dos balanços, sendo este efeito acrescido das deformações de fluência.

Figura 14: Foto de pilar em balanço com muitas fissuras, especialmente no primeiro pavimento.

4.4.6 Juntas de dilatação

Mais um fator de elevada importância na qualidade e no bom comportamento das estruturas são as juntas de dilatação. São juntas com função de permitir a livre movimentação horizontal das estruturas em função das variações térmicas. Estas juntas, obrigatórias até certo instante, em qualquer estrutura de edifícios na qual uma das dimensões viesse a ultrapassar o limite de 30 m e, posteriormente, após 2003, podendo não ser mais obrigatória. Nestes casos as ações de tração de origem térmica sendo obrigatoriamente consideradas no dimensionamento, tradicionalmente foram uma fonte de problemas nas construções.

Do ponto de vista da construção exigem cuidados para que sejam mantidas uniformes e abertas, embora, após sua efetivação, vedadas por material elástico, devidamente aderido às paredes laterais, de forma a garantir a movimentação livre das estruturas e sua estanqueidade. Do ponto de vista do projeto pela imposição de interromper a continuidade das estruturas, o que geralmente provoca limitações ao conceito adotado para o projeto e finalmente, do ponto de vista da manutenção, considerando que o material de vedação normalmente tem vida útil bem menor que as estruturas.

Sendo inúmeros os problemas associados às juntas, é comum que em muitos projetos, grandes pavimentos não sejam separados pelas juntas, entretanto, nestes casos, a armação das lajes necessariamente será dupla, havendo malhas nos níveis superior e inferior, visando o equilíbrio das tensões de tração geradas pela variação térmica. Esta armadura dupla causa dificuldades executivas e maior consumo de material, então muitos projetistas não a detalham, por esquecimento ou não consideração das forças de tração, permitindo o surgimento de estado geral de fissuração na face superior destas lajes. Na maioria dos casos, são lajes de terraços, garagens ou pilotis, onde as fissuras ficam disfarçadas pela camada de impermeabilização, em geral composta por manta asfáltica, surgindo somente quando a manta termina sua vida útil, em geral, já em avançado estado de comprometimento quanto à integridade e segurança da laje e eventualmente vigas de concreto, de forma especial pela deterioração das armaduras, perda de rigidez do elemento estrutural e deformações excessivas.

Em muitos casos estas deformações provocam o surgimento de forças cortantes significativas nos pilares, que em muitos casos chegam à ruptura transversal, ocorrendo comprometimento de sua capacidade resistente.

Um problema extremamente grave de durabilidade associado às juntas é composto pela adoção de pilares ou vigas próximos, separados pela junta, ou seja, separados por 1 a 3 cm. Este pequeno espaço tem elevada capacidade de reter umidade, função de sua limitada ventilação e não recebe qualquer revestimento. Quando ainda associado a este fato, a armadura apresenta cobrimento insuficiente, os problemas de despassivação e corrosão das armaduras ocorre muito precocemente, resultando em um problema de solução extremamente difícil, de forma especial nos pilares, pela impossibilidade de acesso para implementação de procedimentos de recuperação estrutural.

Relativamente a este fato é importante considerar que este tipo de solução, embora muito comum, pode, e deve ser considerado um erro de projeto, uma vez que a norma brasileira de projetos de estruturas de concreto preconiza ser indispensável a existência de acesso a todos os elementos estruturais, seja para manutenção, ou seja para proteção. As soluções, quando envolvem as juntas de dilatação, devem prever espaço suficiente entre os pilares para que possam ser reparados e adequadamente mantidos durante a vida útil da construção.

Considerando a disponibilidade dos programas que permitem analisar as solicitações de origem térmica, muitas construtoras atualmente têm optado pela não execução das juntas, apesar desta decisão resultar em um consumo levemente superior de aço, em especial nos últimos pavimentos do prédio ou na separação entre base e lâmina, pavimentos esses mais expostos aos efeitos das variações de temperatura. Nestes casos, no entanto, devem ser tomados cuidados especiais quanto ao adequado detalhamento da armadura na laje e, sobretudo, quanto à manutenção da armadura superior em adequada posição durante as etapas de concretagem.

Outra solução bastante eficiente para a eliminação das juntas de dilatação é a utilização de armaduras ativas no interior das peças de concreto, quando é possível equilibrar as tensões de tração geradas pela dilatação, seja de retração ou de origem puramente térmica, com as forças implementadas nos cabos da armadura ativa. Entretanto, deve ser lembrado que uma verificação cuidadosa da combinação das tensões geradas pela combinação das diversas ações (protensão, cargas térmicas e cargas verticais), precisa ser elaborada, garantindo a não ocorrência de tensões trativas no concreto, suficientes para a ocorrência de fissuras.

Figura 15: Pilares com juntas de dilatação sem espaço para manutenção.

4.4.7 Concentração de tensões

Outro fator que deve ser observado na elaboração dos projetos e que acaba sendo desconsiderado é o lançamento de estruturas que provoca concentração de tensões. Este problema ocorre nas mudanças bruscas de seção, na transmissão de cargas muito elevadas e nas situações em geral onde a continuidade do fluxo de tensões tem alterações bruscas. As zonas de distúrbio definidas no capítulo 22 da NBR 6118/23 são as zonas que devem ser evitadas quando possível e analisadas de forma cuidadosa quando indispensáveis. Estas zonas, em geral, não apresentam modelo de dimensionamento adequado pela maioria dos programas, e não apresentam detalhamento apropriado. Nestes casos, mesmo com a adoção de armaduras suficientes e adequadamente distribuídas, existe uma forte tendência do surgimento de fissuras e comportamento inadequado da estrutura, demandando análises localizadas pelo método de Bielas e Tirantes e detalhamento cuidadoso. Em casos muito especiais, modelos mais sofisticados à base de elementos finitos devem ser estudados antes da definição da distribuição das armaduras nos desenhos de projeto para estas regiões.

Outro fator fundamental quanto à distribuição de tensões é a utilização de cabos curvos de protensão, também formadores de zonas de distúrbio, pela alteração do fluxo habitual de tensões. Em seu capítulo 20 a NBR 6118/23 chama atenção para o fato, alertando para a necessidade de detalhamento especial quando as curvaturas são mais elevadas, entretanto, por tratar-se de um problema de execução complexa (difícil manutenção do correto posicionamento das armaduras na posição durante a concretagem), na maioria dos casos observados, as zonas onde os cabos têm trajetória curva são constatadas fissurações e, portanto, um funcionamento inadequado da estrutura. As inspeções mais criteriosas mostram em geral armaduras fora da posição recomendada nos projetos, e na maioria dos casos, a ausência das armaduras transversais exigidas pela norma para distribuir na massa de concreto as solicitações resultantes do traçado curvo, no plano horizontal, de alguns cabos protendidos.

Estas situações, pouco comum nos projetos antigos, onde apesar dos pequenos vãos, estes eram bem regulares e uniformes. Nos dias atuais muitas vezes devido a exigências arquitetônicas são encontradas relações entre zonas de elevada rigidez com zonas de alta flexibilidade, o que regularmente resulta em problemas de dimensionamento, e, sobretudo, de comportamento inadequado das estruturas resultantes.

Em relação a este parâmetro recomenda-se que as estruturas sejam lançadas o mais uniforme possível, visando uma distribuição de tensões com uma maior "suavidade", permitindo uniformidade nas dimensões dos elementos das estruturas e regularidade na distribuição das armaduras em seu interior. Situações anormais nas quais estas recomendações não possam ser aplicadas devem ser avaliadas com atenção especial.

Da mesma forma, no caso das lajes protendidas, recomenda-se que sejam evitadas as curvas nos cabos, de forma especial aquelas de maiores angulações. Quando não for possível evitar, que o projeto contenha detalhes minuciosos e claros, alertando para a importância de especiais cuidados executivos naquela determinada área.

Na prática a recomendação é que sejam observadas com muita atenção as zonas de distúrbio, de forma que nestas zonas as alterações de tensões não resultem em valores significativamente diversos daqueles que ocorrem nas zonas de regularidade, conhecidas como zonas de Bernouille. O objetivo é minimizar a ocorrência de tensões pontuais que sejam significativamente diferentes da média de tensões. A adoção de peças com seção mais uniforme visa facilitar a execução das obras minimizando erros e custos, incrementando assim a vida útil das estruturas, reduzindo a necessidade de manutenção intensa com controle de seus custos.

4.4.8 Detalhamento inadequado

Este parece ser um dos maiores problemas associados aos atuais projetos estruturais em concreto armado. O detalhamento das armaduras efetivamente é uma arte, uma vez que se trata de um processo para o qual não existem regras rígidas, e, portanto, torna-se muito complexa a afirmação de que um detalhamento está efetivamente certo ou errado. As possibilidades são diversas, uma vez que o objetivo é distribuir as barras de aço no interior de uma peça de concreto, visando atender aos pontos críticos de ações, sem deixar de atender a possibilidade de ocorrência de tensões de tração no elemento estrutural. Os cuidados nas análises de tensões gerados por inúmeras combinações de carregamentos são tão importantes na obtenção de um projeto que resulte em uma estrutura que venha a ter adequado comportamento durante a sua utilização, quando submetidas às mais diversas solicitações previstas.

O entendimento ou a visualização do fluxo de tensões diante das mais variadas combinações de solicitações é de fundamental importância para o engenheiro responsável pelo detalhamento. Os valores das tensões são determinantes, entretanto, a conscientização do funcionamento da estrutura, incluindo o sentimento quanto a sua ductilidade, permitirá o posicionamento adequado das armaduras, que terão a sua quantidade e bitola definidas pelos valores das solicitações resultantes das envoltórias das diversas combinações consideradas.

A NBR 6118/23 define várias regras sobre o detalhamento, especialmente em seus capítulos 18, 20 e 22, para elementos lineares, de superfície e especiais, respectivamente. Nestes textos, são definidas armaduras indispensáveis, mínimas e máximas, para cada um dos elementos considerados. Recomendações gerais são dispostas, de forma que não haja a possibilidade de ocorrência de tensões de tração incompatíveis com a estrutura.

O detalhamento deve definir o posicionamento das barras no interior dos elementos de concreto onde possa ocorrer forças de tração, evitando que o concreto tenha que resistir a este tipo de força, para o qual apresenta baixa resistência. Também deve ser considerada a necessidade de haver espaço suficiente entre as diversas barras para a passagem do concreto, uma vez que é fundamental que as barras estejam integralmente envoltas pelo concreto, de forma a garantir a aderência entre os materiais, condição indispensável para o funcionamento do concreto armado. Estes espaços mínimos são também definidos pela NBR 6118/23, pois os valores indicados representam o menor espaço para que o concreto possa penetrar e garantir que as barras ao serem tracionadas possam transferir esta força ao concreto, garantindo o funcionamento conjunto entre os dois materiais. Também o espaço para o vibrador deve ser previsto, de forma especial nas armaduras negativas de vigas e lajes, garantindo um adequado adensamento do concreto.

O detalhamento das armaduras vai muito além de apenas olhar os diagramas gerados por um programa para uma determinada combinação de carregamento, mas acima disto, o projetista deve visualizar o comportamento dúctil das estruturas de concreto armado. Esta ductilidade, a ser debatida em maior profundidade no capítulo 8, ocasiona uma redistribuição de solicitações e de tensões, que é função da rigidez dos elementos estruturais, quando íntegros, da variação desta rigidez com o surgimento das fissuras e ainda, da ductilidade das armaduras quando atingem o seu limite de escoamento.

As ancoragens das armaduras, emendas e dobras devem ser definidas de forma cuidadosa, elemento a elemento, por meio de desenhos bem detalhados, que permitam ao pessoal da execução na obra reproduzir de forma fiel o pensamento do projetista. Este detalhamento deve ser elaborado de forma a não permitir que nas zonas das dobras as tensões de compressão do concreto não sejam suficientes para esmagar o concreto, que as dobras sejam efetivadas com um raio de dobramento que não venha causar tensões acima dos limites do aço, enfim, que o funcionamento dos dois materiais em conjunto ocorra da forma mais harmônica possível.

Com o avanço dos programas elaborados para desenvolvimento dos projetos, esta tarefa muitas vezes é realizada pelo computador, de forma excessivamente simplificada, como ocorre em um processo elaborado sem qualquer sensibilidade ou consciência da importância desta etapa na qualidade da estrutura, na sua segurança e na sua durabilidade. O detalhamento automatizado é uma forma de o projetista ganhar agilidade, entretanto, como relatado, o processo automatizado apenas atende aos diagramas, fazendo algumas verificações adicionais, mas obrigatoriamente deve continuamente ser verificado por um projetista experiente, de forma que as não conformidades que habitualmente resultam deste processo possam ser ajustadas e o projeto venha a ter maior eficiência, resultando em um sistema mais eficiente na resistência às ações, mas também visando facilitar a montagem e permitir um lançamento e adensamento do concreto com a melhor qualidade possível.

Atualmente a qualidade dos detalhes de grande parte do projeto é muito pobre, deixando muitas vezes a decisão de como montar e posicionar as barras no interior do elemento estrutural à mão de obra, na maioria das vezes sem qualquer supervisão ou conferência do serviço realizado.

O detalhamento incorreto, ou o detalhamento incompleto, é responsável por deixar o concreto exposto a tensões excessivas, a impedir o adensamento e até a passagem do concreto entre as barras de aço e provocar o comprometimento da correta funcionalidade do elemento estrutural, que funcionará de maneira totalmente diversa daquela considerada no modelo estrutural, e com menor capacidade de suportar as solicitações.

Figura 16: Detalhamento sem prevenção de cuidados em relação à concretagem e vibração

O detalhamento das armaduras é uma tarefa bastante trabalhosa, mas de uma importância fundamental para o projeto estrutural. De nada adianta uma modelagem cuidadosa, uma análise aprofundada, se o detalhamento das armaduras não reproduz todas estas etapas fundamentais da elaboração do projeto estrutural. Portanto, a tarefa do detalhamento não deve ser repassada ao profissional mais novo do escritório, devendo sempre, ao contrário, passar pelo mais experiente, buscando um resultado que reflita os conceitos adotados em cada projeto específico.

Na maioria das obras que podemos observar o detalhamento das estruturas está limitado aos detalhes genéricos gerados pelo programa utilizado e ainda assim, claramente, sem uma revisão experiente. Os casos particulares das estruturas não recebem um adequado detalhamento, fato que resulta em falhas executivas, muitas vezes de elevada gravidade, com todas as consequências compatíveis ao inadequado comportamento dos elementos de concreto armado.

Uma avaliação dos projetos estruturais das obras mais antigas em concreto armado, incluindo construções com importância histórica, mostra uma alta qualidade dos detalhes das armaduras, sendo possível a constatação de projetos com uma quantidade e refinamento de detalhes que quase impede a ocorrência de erros de execução, sendo desta forma, certamente uma das principais causas da maior longevidade destas obras.

4.4.9 Falta de adequada robustez

De forma geral os engenheiros sempre buscam uma maior esbeltez em suas obras, em grande parte dos casos, visando atender a um critério de leveza associado à beleza das construções. Efetivamente, uma estrutura com aspecto leve fornece uma sensação mais agradável do que as estruturas pesadas, embora, sejam estas também belas, porém, de forma diferenciada. A esbeltez também está associada à economia, menor consumo de materiais, fato que gera um forte interesse dos construtores que passam a cobrar dos projetistas uma esbeltez crescente, valorizando mais o projetista que desenvolve projetos mais esbeltos.

Na busca pela esbeltez, buscando economia), os engenheiros ignoram a finalidade da estrutura, desconsiderando os efeitos do seu uso, como por exemplo o desgaste, e efeitos dos fenômenos da natureza, como os ventos, sismos, temperatura, entre outros.

Na medida em que o concreto foi aumentando resistência à compressão, com acréscimo de resistência à tração do aço, e a protensão foi sendo popularizada após o surgimento das técnicas não aderentes com as monocordoalhas engraxadas, e o acesso a modelos computacionais mais sofisticados, as estruturas ficaram mais esbeltas, entretanto, este aumento de esbeltez representa diretamente perda de rigidez, maior vulnerabilidade a movimentação, seja às deformações diretamente ou às respostas a excitação dinâmica.

Em função destes fatos a durabilidade das construções passa a ser comprometida devido à falta de compatibilidade destas estruturas flexíveis com os materiais da própria estrutura, e aos demais materiais utilizados de forma tradicional nos fechamentos e nas instalações. Estes problemas fazem com que as construções apresentem uma quantidade excessiva de danos, associados a comportamento inapropriado quando submetidas às solicitações, como fissuras e consequentes infiltrações nas paredes, quebra de sistemas de instalação, e ainda deformações excessivas e deterioração precoce do concreto armado. Em alguns casos a busca excessiva pela economia nas estruturas levou ao surgimento de procedimentos alternativos que colocam as estruturas em risco de ruína, sendo que em várias situações ocorreram acidentes (totalmente previsíveis) incluindo desabamento de edifícios, prejuízos financeiros e perda de vidas humanas.

Diante deste quadro, que, de forma geral, se agrava a cada dia, é fundamental que sejam definidos parâmetros mais adequados pelas normas técnicas, e mesmo conservadores, com o objetivo de impor limites a economias imediatas, que ao comprometerem a vida útil da estrutura resultam em custos excessivos de manutenção para as construções e mesmo em elevado risco aos usuários.

Ao serem analisados os modelos estruturais deve ser dada elevada importância ao equilíbrio global da estrutura, que, quanto mais esbelta, mais problemas de comportamento estrutural terá ao longo de sua vida útil. Estes problemas podem, de forma simples, ser evitados por uma análise consciente do comportamento dos modelos computacionais, ao se considerar todos os parâmetros conhecidos e eventualmente de novos parâmetros que possam efetivamente balizar o comportamento da estrutura. A avaliação da movimentação lateral das estruturas deve ter uma elevada importância nesta análise.

A NBR 6118/23 em seu capítulo 13 limita esta deformação a H/1700, quando a deformação é provocada pela ação do vento e obtida para combinação frequente com $\psi_1 = 0{,}30$. Esta avaliação que comprovadamente não é verificada em muitos casos ou deixa de ser considerada na maioria dos projetos, deve ser realizada com adequada ligação interação solo-estrutura. Em muitos casos observa-se que o projetista engasta a estrutura do prédio na base para minimizar (mascarar) este valor. Este procedimento, além de encarecer as fundações, sem que os construtores possam perceber, não resolve o problema, uma vez que, como discutido anteriormente, não existe o efeito de engastamento em estruturas reais.

O resultado destes erros de projeto é a ocorrência inicial de fissuração das alvenarias e danos generalizados nas construções, com a ocorrência de problemas jurídicos, custos excessivos de manutenção e elevado comprometimento da vida útil da estrutura.

Esta análise permite concluir que efetivamente as estruturas precisam recuperar um pouco da robustez perdida com as evoluções de materiais e técnicas de projetos, não com o intuito de elevar o custo das construções, mas com a finalidade de garantir adequada durabilidade e efetivo custo de manutenção e não de correções de erros conceituais.

5. Falhas de Execução

Um fator de tão alta importância na qualidade das obras quanto a falha na elaboração dos projetos estruturais se constitui das falhas de execução. Este problema, crescente na construção civil, de forma especial no Brasil, é resultante do desconhecimento técnico dos engenheiros e arquitetos quanto às efetivas técnicas da engenharia, estando atualmente focados apenas na produtividade, sem qualquer preocupação com a qualidade das obras em geral e das estruturas em particular.

Os cuidados na execução apresentam importância maior na medida em que os projetos se tornam mais arrojados e menos detalhados. Nas construções mais antigas as falhas também ocorriam, entretanto, as peças mais robustas devido às menores resistências dos concretos e os desenhos mais bem detalhados, associados aos modelos de cálculo menos refinados, com maiores coeficientes de segurança, faziam com que os erros fossem menores em importância e não apresentassem consequências significativas. Nas estruturas atuais, mais esbeltas e projetadas muito mais no limite de sua capacidade, as falhas executivas adquirem importância muito mais elevada, com consequências graves, senão catastróficas.

As causas das falhas na execução das obras são inúmeras, sendo difícil definir quais são aquelas que causam maiores danos. A seguir será apresentada uma lista daquelas consideradas principais:

- habitual ausência do engenheiro na frente de obra (não adianta estar no canteiro, precisa haver efetivo acompanhamento do que está sendo executado);
- excessivas atividades paralelas ao andamento da obra exercidas pelos engenheiros, como preenchimento de formulários de controle de produtividade, tarefas de compra e controle de entrega de materiais e outros procedimentos administrativos que impedem acompanhamento do profissional na execução dos serviços;
- falta de detalhes suficientes em projetos que ocasionam interpretações equivocadas;
- falta de interface entre os projetos, causando contínuas interferências que necessitam ser solucionadas em curto tempo e na maioria das vezes de forma equivocada;
- falta crescente de pessoal (mão de obra) devidamente capacitado à execução;
- falta de equipamentos e ferramentas adequados à execução;
- falta de planejamento de cada etapa de execução;
- falta de conhecimento técnico e experiência suficiente à execução da obra com adequada qualidade, de forma a gerar uma fiscalização efetiva;
- uso de materiais inadequados devido à falta de especificação correta e de desconhecimento técnico sobre especificações e formas

de controle efetivo da qualidade. Neste caso, de forma especial o concreto, comprado de forma errada, não controlado quanto a sua qualidade e aplicado de forma inadequada, bem como, em muitos casos, também o aço, com importante função no conjunto estrutural, adquirido de origem desconhecida e não observadas as diversas recomendações e exigências da NBR 7480/23 para os aços que constituem a armadura passiva ou quanto aos aços de protensão, com propriedades e serem verificadas conforme recomendações da NBR 7483/21.

Estas causas, entre muitas outras, constatadas no dia a dia das construções, nos mostram a importância da presença efetiva do engenheiro na obra. Aqui deve ser dada importância ao Engenheiro, efetivamente conhecedor das técnicas e experiente, quanto à forma de organizar e direcionar as atividades da construção. Não basta que o mesmo esteja no canteiro, tem que estar na frente de construção, medindo, conferindo, avaliando cada etapa da execução.

Entretanto, para que a sua participação seja efetiva na obra, esse deve conhecer a tecnologia do concreto e outros materiais, conhecer os conceitos do projeto estrutural em execução, da interface com os demais projetos, entender a importância e a forma adequada de execução de cada etapa.

Todas estas questões constituem efetivamente o conhecimento necessário na formação de um engenheiro ou de um arquiteto que se propõe a executar obras, a se tornar o profissional responsável pela execução de uma estrutura.

Trata-se de um conjunto de conhecimentos teóricos a serem aprendidos na faculdade, mas que deve ser complementado necessariamente nos canteiros, quando os estudantes devem trabalhar em conjunto com engenheiros mais experientes e não, no lugar destes, fato que mais se constata em grande número de construções.

Na realidade os engenheiros e arquitetos só devem adquirir competência legal de responsabilidade técnica com o efetivo ganho de experiência e não, simplesmente com a carteira fornecida ao final de seu curso de graduação convencional.

Trata-se na verdade de um aprendizado de elevada complexidade, que demanda muito tempo para ser efetivado e necessariamente por meio de trabalho em associação com profissionais mais experientes.

Atualmente temos constatado que os engenheiros/arquitetos se tornaram profissionais de administração das obras, onde a aplicação dos conhecimentos técnicos é absolutamente desprezada, resultando na maioria dos danos constatados nas construções.

Dentre as principais falhas que são encontradas habitualmente na construção das estruturas de concreto armado, podem ser listadas:

- erros na locação da obra;
- implantação de fundações em níveis inadequados (falta de inspeção);
- cravação de estacas com profundidade inadequada e falta de controle de cravação e nega (na maioria das vezes deixada sob responsabilidade do operador);

- formas com falta de alinhamento e de vedação, falhas em dimensões geométricas e sem adequada saturação quando da concretagem;
- montagem de armaduras com dimensões inadequadas, com falta de alinhamento e em muitos casos com bitolas diferentes daquelas indicadas em projeto;
- falta de fixação das armaduras na correta posição e implantação de espaçadores para garantir cobrimentos;
- falhas no controle da protensão, além dos erros no posicionamento dos cabos de protensão;
- falta de controle de qualidade do concreto e do aço, deixados na responsabilidade dos fornecedores;
- uso de concretos dentro do período de pega, ou seja, com tempo de mistura superior ao adequado para o lançamento;
- concretagem com lançamento de altura inadequada (superior a 2,0 m);
- concretagem sem adequado adensamento, com o vibrador aplicado de forma inadequada;
- falta de correto acabamento da superfície do concreto;
- desforma anterior ao prazo adequado;

- danos aos elementos estruturais por desforma de forma inadequada;
- falta de correta cura do concreto;
- falta de aplicação de procedimentos de proteção do concreto após desforma;
- absoluto desconhecimento da NBR 14931/04 da ABNT (Execução de estruturas de concreto).

Figuras 17: Negativo posicionado a 20 cm abaixo da face superior numa laje de 25 cm.

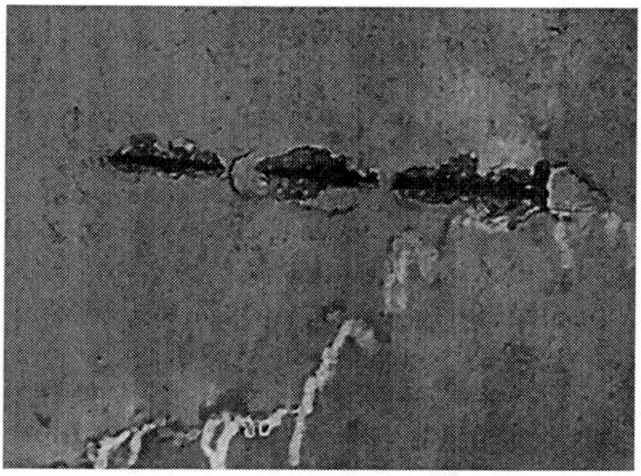

Figura 18: Detalhe de armadura sem cobrimento repleta de sinais de carbonatação gerada pela lixiviação.

5.1 Uso de parâmetros inadequados dos materiais

O problema em estudo tem início com a compra do concreto, hoje, predominantemente fornecido pelas centrais. A compra do concreto, conforme especificado pela NBR 12655/21 deve ser feita a partir de um conjunto de parâmetros, que devem estar especificados no projeto estrutural. Em boa parte dos projetos, quando muito o concreto recebe a indicação do f_{ck}, ou seja, da resistência à compressão característica aos 28 dias. A maioria dos profissionais (engenheiros e arquitetos) não consegue distinguir a diferença entre resistência característica e resistência média, obtidas aos 28 dias. Desta forma, a compra do concreto é definida pela especificação da quantidade, do f_{ck} e do *slump*, quando os parâmetros definidos pela norma acima mencionada, envolve além da quantidade e do f_{ck}, parâmetros diversos como fator a/c máximo, consumo mínimo de cimento e módulo de elasticidade mínimo. Na realidade, outros parâmetros como tipo de cimento, se com resistência a sulfatos ou não, entre outros específicos para cada tipo de obra, ainda deveriam ser solicitados. Como visto, o material que chega na obra, na maioria das vezes é um ilustre desconhecido para o engenheiro de campo (quando ele efetivamente existe).

A partir deste momento, atividades de controle de qualidade são especificadas na NBR 12655/21 (Concreto de cimento Portland: Preparo, controle, recebimento e aceitação). Em muitos casos este controle é deixado por conta da concreteira, o que é totalmente contrário às recomendações da norma mencionada.

Conforme mencionado, importância especial deve ser dada ao controle de qualidade do aço, na maioria das vezes, verificado apenas por meio de relatórios do fornecedor, novamente em desacordo com as recomendações da NBR 7480/23, a realização de ensaios sob responsabilidade da obra para determinação da resistência à tração, na ruptura e no escoamento, alongamento e capacidade de dobramento.

Estas exigências naturalmente são baseadas na importância determinante destes materiais para a garantia da adequada relação entre o modelo numérico, analisado pelo computador e o modelo real, executado no canteiro. Uma diferença entre os valores previstos e aqueles efetivamente realizados, seja para mais ou para menos, pode alterar o comportamento das estruturas provocando a ocorrência de estado de fissuração inesperado, comprometendo intensamente a durabilidade prevista para a estrutura de concreto armado. Mesmo com diferenças a maior, a rigidez das estruturas é alterada, e muitas vezes esta rigidez excessiva pode ser a causa de quebras de vários elementos, de forma especial os nós, zonas consideradas como de distúrbio, por apresentarem não linearidade nas tensões e nas deformações. As diferenças a menor, de ocorrência mais comum nas obras, resultam em deformações acima do esperado, e mesmo do permitido, estado de fissuração superior aos limites preconizados, comprometendo de forma intensa a durabilidade e os estados limites de utilização, e ainda permitindo respostas ampliadas a solicitações dinâmicas habituais (caminhar, por exemplo).

Certamente, no entanto, a pior situação para as estruturas é a falta de uniformidade, onde em cada região da estrutura o concreto apresenta diferentes características e diversos comportamentos que provocam solicitações não previstas quando da análise computacional. Na sequência serão discutidos diversos problemas que são constatados de forma habitual nas muitas construções observadas e avaliadas.

Constata-se uma grande quantidade de questões e dificuldades que envolvem a execução de uma estrutura de concreto, seja ele armado ou protendido. Este fato infelizmente parece não ser de conhecimento dos construtores atuais, que habitualmente relegam esta responsabilidade a estagiários, na maioria das vezes com um mínimo de conhecimento e experiência nesta atividade, ficando, portanto, efetivamente a execução das estruturas nas mãos dos mestres e encarregados, que embora tragam na maioria das vezes uma grande experiência, naturalmente não possuem conhecimento mínimo para as decisões a serem tomadas a cada instante do processo.

A falta de uniformidade quanto às propriedades do concreto, na maioria das vezes, não é responsabilidade do fornecedor, mas sim, da falta de cuidado com a execução, onde diversas etapas de uma concretagem podem levar a concretos com características muito diversas. Etapas importantes como bombeamento, lançamento, adensamento e cura, na maioria dos casos não merece sequer a atenção do engenheiro responsável pela execução, resultando na ocorrência de segregação do concreto, adensamento não uniforme e fissuração por retração devido à cura inadequada, entre outros importantes problemas.

A NBR 14931/23, Execução de estruturas de concreto, fornece diretrizes para uma execução de adequada qualidade, preocupada com as consequências que temos observado de obras executadas sem um mínimo padrão de qualidade. Logo na sua figura 19, essa norma apresenta uma correlação de outras normas que devem ser observadas para uma adequada execução de estruturas de concreto.

Uma observação da figura já permite uma conclusão da complexidade e da importância da execução de uma estrutura de concreto. Nos itens a seguir faremos uma discussão sobre alguns pontos considerados de maior importância nesta tarefa tão nobre, porém, relegada a um segundo ou terceiro plano na construção civil.

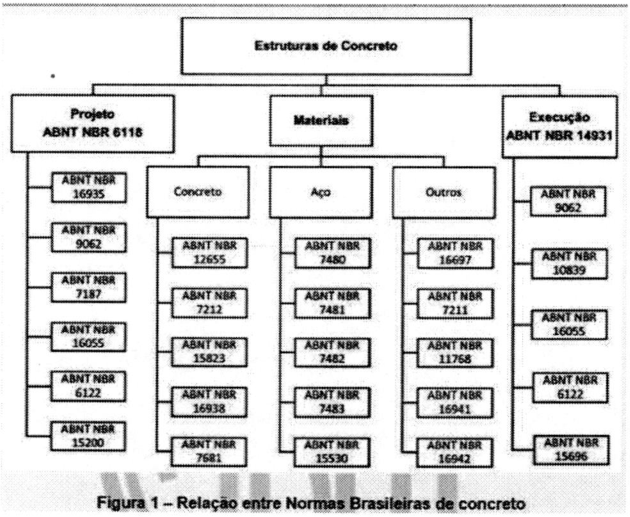

Figura 19 – Figura 1 da NBR 14931/23

5.1.1 Resistências Mecânicas e Módulo de Elasticidade

A experiência mostra que o módulo de elasticidade do concreto real da obra é bem diferente daquele previsto nos projetos, normalmente definido pelo resultado de equações de estimativas indicadas pelas normas vigentes (ver discussão do tema no item 5.1). Entretanto, também a resistência à compressão apresenta valores diferentes, apesar do controle de qualidade realizado com os concretos fornecidos, cujos corpos de prova são moldados ao lado do caminhão. Ressalta-se que na maioria das vezes o controle de qualidade é efetivado em desacordo com as recomendações e com os tratamentos estatísticos recomendados pela NBR 12655/21.

As grandes diferenças constatadas estão relacionadas às tarefas de transporte (bombeamento), lançamento, adensamento e cura do concreto real, ou seja, são constatadas displicências em todas as etapas de uma concretagem, assim os valores obtidos nos ensaios em corpos de prova moldados antes da efetiva concretagem são bem diversos daqueles que seriam encontrados na estrutura real. Aqui estamos considerando as diferenças devidas a lançamento, adensamento e curas inadequadas.

Naturalmente, pequenos problemas estão previstos na metodologia que pretende usar os corpos de prova como garantia da qualidade do concreto efetivamente usado nas estruturas. Estes problemas são compensados por fatores tais como o confinamento do concreto real, bastante maior que aquele dos corpos de prova, em especial após a adoção dos moldes cilíndricos de 10 cm x 20 cm. As imprecisões são compensadas e o sistema de controle preconizado na NBR 12655/21 pode ser considerado satisfatoriamente eficiente.

O transporte pelo bombeamento, em muitos casos provoca atrasos na concretagem e o tempo gasto para resolver entupimentos e outros problemas com os mangotes provoca o início de pega do concreto, cujo corpo de prova já foi retirado e o *slump* medido, na chegada do caminhão. Este concreto em processo de pega apresenta comportamento diferente do esperado quando em contato com concretos já lançados e com outros da continuidade, devido às alterações do estágio de retração. Na maioria dos casos estes concretos perdem trabalhabilidade e tendem a dificultar o lançamento e o adensamento. Em alguns casos a perda de fluidez do concreto dificulta o seu bombeamento, levando os operadores a adicionarem água para não perder o concreto, o que naturalmente influencia as resistências mecânicas e no módulo de elasticidade.

Outro fator importante é o lançamento, de forma especial no caso de pilares e paredes, elementos onde é comum o concreto ser lançado de alturas acima dos 2 m, considerado na prática, como limite de lançamento, sendo que as armaduras, muitas vezes bastante densas, em especial quando são utilizados os estribos múltiplos e os grampos de travamento da flambagem das armaduras, tende a piorar a compacidade do concreto. Nestes casos o concreto desce batendo nas armaduras e tem uma segregação bastante intensa. Em geral, na base dos pilares, que também não recebe adequado adensamento, uma vez que o mangote do vibrador geralmente não tem comprimento suficiente, formam-se "brocas" ou "ninhos de brita" resultando em características do concreto diversas daquelas projetadas. Então ao receber seu carregamento vertical, quando o concreto é comprimido, ocorre uma deformação adicional ao encurtamento previsto, fato que ocorre de maneira diferenciada nos diversos pilares. Estas diferenças de deformação, que podem ser comparadas a recalques diferenciais, acabam por provocar um comportamento aleatório das estruturas com consequências não uniformes e muito difíceis de serem previstas e/ou quantificadas.

O adensamento do concreto é outro fator fundamental à obtenção das propriedades esperadas para o concreto. Na maioria das etapas de concretagem é possível observar nas obras o uso inadequado do vibrador, para não levar em consideração a grande quantidade de obras onde este equipamento sequer é utilizado. Nos pilares e paredes em geral o vibrador não ultrapassa metade da altura, nas vigas devido à concentração de armadura, em geral elevada e à forma de montagem das armaduras, a agulha do vibrador não encontra espaço para passar e nas lajes o vibrador geralmente é utilizado na posição quase horizontal, fato que segrega o concreto ao invés de adensá-lo. Desta forma, em poucas oportunidades, o adensamento, que tem por objetivo expulsar do ar aprisionado durante a mistura do concreto, consegue atingir o seu objetivo. Desse modo o concreto mal adensado, certamente contém mais ar do que deveria, com a formação de vazios, fato que compromete a resistência mecânica do elemento estrutural, alterando ainda a sua rigidez.

Finalmente, a falta de cura homogênea e adequada faz com que as propriedades de um concreto sejam alteradas. Este fato compromete predominantemente a homogeneidade nas propriedades do concreto, o que como já discutido, torna-se um dos maiores problemas para o comportamento destas estruturas, ou seja, uma das mais importantes fontes de danos e comprometimento da durabilidade das construções.

A determinação do módulo de elasticidade por métodos dinâmicos, denominados módulos dinâmicos, com base no método das frequências naturais de vibração que se relacionam com os tradicionais valores de módulos tangentes e secantes, incluso na recente parte 2 da NBR 8522/21, pode facilitar a realização dos ensaios de determinação deste tão importante parâmetro, permitindo um maior conhecimento de seu comportamento, de forma especial, sendo possível efetivar conclusões mais precisas nas mais diversas regiões do Brasil. Estes ensaios (método dinâmico) apresenta uma melhor precisão de resultados do que o método estático, além de ser um ensaio muito mais fácil de ser realizado do que os ensaios convencionais pelo método estático.

5.1.2 Influência dos traços, cimentos, agregados e aditivos

Afetam, de forma significativa, a qualidade do concreto estrutural as variações de traços, variações do tipo e consumo de cimento, do fator água cimento, do tipo de rocha de origem e diâmetro dos agregados e aditivos químicos e minerais utilizados na sua confecção. Todos estes fatores, além de outros, estão previstos como parâmetros para a compra do concreto usinado pela NBR 7212/21(Concreto Dosado em Central, Preparo, Fornecimento e Controle), pela própria NBR 6118/23 e na NBR 12655/22, diretamente ou com a especificação da Classe de Agressividade Ambiental e da Classe de Consistência ou de Espalhamento desejadas para o concreto solicitado. Embora possa não ser habitual, mas ocorre em muitos casos, que estes parâmetros sejam alterados entre dois caminhões de fornecimento do concreto, neste caso, predominantemente por erros de operação das centrais de dosagem, ou ainda pela colocação de complementos na dosagem de aditivos, e, sobretudo, de água (denominada água retida) pelos motoristas dos caminhões betoneira.

Em muitos casos os problemas com os traços são causados pela compra inadequada deste material, quando na maioria das vezes a especificação do concreto comprado se resume à resistência e ao *slump*, deixando em aberto todos os demais parâmetros, fato que certamente resultará em um concreto diferente daquele pensado pelo projetista estrutural.

Fato mais habitual é a alteração de traços, tipo de cimento, agregados e aditivos entre etapas de concretagem, como em diferentes lajes, ou mesmo entre a concretagem de pilares e lajes, quando a concretagem ocorre com intervalo de tempo significativo. Nestes casos além das causas descritas para a primeira situação, fatos considerados normais levam a ajustes de traço em função de condições climáticas, de alteração de fornecedores do concreto, de agregados e mesmo do cimento, de alterações no tipo de cimento disponível na central, enfim, diversas características podem ser alteradas, embora gerando concretos com resistência equivalente, porém, com módulos de elasticidade diferenciados, fatores de retração e fluência alterados, entre outros fatores e parâmetros fundamentais ao comportamento do concreto, conforme previsto nos modelos computacionais.

Não pode ser desconsiderado que o tipo da rocha de origem do agregado, além de sua granulometria, afeta de forma significativa o módulo de elasticidade. Neste caso, não se trata apenas de mudança de tipo de rocha, pois, mesmo dentro de um mesmo tipo de rocha, a alteração de jazida é suficiente para variações significativas neste parâmetro. Ainda que se mantenha o mesmo traço de concreto, diferenças na resistência à compressão acima de 10% podem ser esperadas em concretos onde a rocha de mesma classificação, teve alteração de origem. A forma dos agregados graúdos, embora dentro de uma mesma classificação granulométrica, ou seja, agregados mais planos ou mais poligonais, afetam de forma significativa o módulo de elasticidade dos concretos, que como já mencionado, raramente é controlado pelos fornecedores do concreto ou pelos construtores.

Quanto ao módulo de elasticidade, embora não seja de controle obrigatório, conforme a NBR 12655/22, o seu acompanhamento e adequação a valores preconizados em projeto está indicada na NBR 14931/23, em seu item 12.2, onde recomenda que a retirada do escoramento seja acompanhada pela obtenção dos valores de ensaios de resistência do concreto, que permitirá uma avaliação do módulo de elasticidade (módulo tangente E_{ci}) mínimo a ser especificado pelo projetista para o momento da retirada das formas, evitando assim deformações precoces do elemento estrutural. As curvas de correlação entre resistência à compressão e módulo de elasticidade deverão ser obtidas na fase de definição do traço do concreto, ou pela concreteira, quando do seu fornecimento.

As normas recomendam que nos projetos, o concreto seja definido em função de vários parâmetros, como resistência à compressão, módulo de elasticidade, fator água, cimento, diâmetro máximo e tipo de rocha do agregado graúdo, teor de ar incorporado, parâmetros que afetam retração e fluência, além do consumo mínimo de cimento e naturalmente o *slump*, este fundamental para garantia de adequado lançamento e adensamento, devendo ser especificado e controlado pelo engenheiro responsável pela execução da concretagem. Na realidade, no entanto, mesmo quando estes parâmetros estão definidos no projeto, a especificação para compra atende habitualmente apenas à resistência à compressão definida pelo f_k, e de uma faixa de *slump* considerada adequada. É sabido que apenas estes dois fatores finais não são suficientes para garantir uma homogeneidade do concreto fornecido, uma vez que a central de concreto está livre para proceder qualquer alteração desde que atenda ao *slump* e à resistência.

Nos laboratórios é possível observar que a resistência à compressão pode ser obtida com consumos de cimento muito abaixo do que os limites recomendados por normas, ou mesmo pelos projetistas preocupados com a garantia de adequada durabilidade da estrutura, em especial quando é conhecido o nível de exposição que o concreto será exposto. Este fato se dá devido aos cimentos atuais serem produzidos com o objetivo de gerar elevados percentuais de C3S (Silicato Tri-cálcico) por um lado e receberem adições minerais que contribuem para a elevação da resistência dentro dos primeiros 28 dias. Por outro lado, estes concretos, com baixo teor de cimento, não garantem a velocidade de carbonatação esperada, resultando em velocidade superior e menor tempo de vida útil de projeto à estrutura.

Isto mostra a importância da dosagem do concreto no que se refere às qualidades, de forma especial à durabilidade. Dois traços diferentes que apresentem mesma resistência à compressão podem apresentar diferenças de módulo de elasticidade e, sobretudo, diferenças significativas de retração. Por este motivo é fundamental que vários parâmetros sejam controlados e não apenas a resistência final do concreto à compressão.

Quando os parâmetros do concreto são fixados de forma mais rígida, em conformidade com as recomendações normativas, a variação dos traços apresenta mais dificuldade de ser realizada. A exigência de um consumo mínimo de cimento, por si, garante condições adequadas de durabilidade, o mesmo ocorrendo com a limitação do fator água cimento máximo. Estas condições levam as centrais de concreto a ficarem mais "engessadas" no que tange às mudanças, sendo forçadas a aplicar conceitos fundamentais da tecnologia dos concretos para atender aos diversos parâmetros solicitados.

Em muitas situações as centrais se posicionam contrárias a estas solicitações, que legalmente devem constar em nota fiscal, de forma que o engenheiro responsável pelo recebimento do concreto possa ter mais tranquilidade em sua atividade. Este procedimento impõe às centrais utilizar traços específicos para cada obra, ou mesmo, para cada etapa de cada obra, o que compromete a produtividade pela necessidade de ajuste dos traços e condições de mistura a cada cliente, entretanto, são todos parâmetros especificados pelas NBR 12655 ou pela NBR 7212.

Foram constatados casos em que as concreteiras utilizaram adições em seus concretos com elevada contaminação de cloretos, sem que os construtores fossem informados, resultando em construções onde o concreto apresenta contaminações por cloretos, superior a oito vezes o limite preconizado pela NBR 12655/21. Estes casos resultaram em inúmeras construções com problemas de corrosão continuados, cuja efetiva solução envolve custos diretos absurdamente elevados, além dos custos indiretos impossíveis de serem valorados.

É importante alertar que, quando o responsável pela execução de uma obra aceita receber concretos com dosagem não definida, assume integral responsabilidade pelas consequências do inadequado comportamento deste concreto, ainda que realize o controle de resistência à compressão conforme recomendações da NBR 12655/21.

5.2 Erros geométricos

A NBR 14931/23define limites de erros geométricos aceitáveis, tanto nas dimensões das formas quanto no posicionamento das armaduras em seu interior. O limite destes erros é definido de modo que estas dimensões não venham ocasionar comprometimento dos critérios adotados no projeto estrutural, e que não exigirão revestimentos com espessuras exageradas.

Os erros geométricos geralmente apresentam consequências muito sérias, tanto do ponto de vista estrutural, pela perda da linearidade considerada nos modelos computacionais, como em custos adicionais de revestimento, alteração em dimensão dos elementos construídos e naturalmente aumento de carga não prevista nos próprios elementos, mas, sobretudo nas fundações.

Em muitos casos devido ao não alinhamento das formas, as armaduras em seu interior acabam tendo o cobrimento comprometido, fator fundamental para definição e garantia de adequada durabilidade da estrutura em construção.

Os erros geométricos se tornaram tão comuns nas construções que a possível perda de verticalidade deve ser considerada nas análises de estabilidade global dos edifícios, conforme preconiza a NBR 6118/14, onde em muitos casos chegam a provocar efeitos maiores que aqueles causados pelos ventos, apenas como forma de referência.

Tabela 3 – Tolerâncias dimensionais para as seções transversais de elementos estruturais lineares e para a espessura de elementos estruturais de superfície

Dimensão (a) cm	Tolerância (t) mm
$a \le 60$	± 5
$60 < a \le 120$	± 7
$120 < a \le 250$	± 10
$a > 250$	± 0,4 % da dimensão

Tabela 4 – Tolerâncias dimensionais para o comprimento de elementos estruturais lineares

Dimensão (ℓ) m	Tolerância (t) mm
$\ell \le 3$	± 5
$3 < \ell \le 5$	± 10
$5 < \ell \le 15$	± 15
$\ell > 15$	± 20
A tolerância dimensional de elementos lineares justapostos deve ser considerada sobre a dimensão total.	

Figura 20: Tabelas 3 e 4 da NBR 14931/23 quanto às tolerâncias dimensionais.

5.3 Mau posicionamento das armaduras

Embora este erro também possa ser considerado como falha geométrica, pois existe uma segunda questão além da montagem (erro geométrico diretamente), que é a mudança da posição das armaduras durante as operações de concretagem, causadas pela sua fixação inadequada, associada à falta de cuidado e planejamento durante esta operação.

A mesma norma, mencionada no item anterior, trata dos limites para erros no posicionamento das armaduras. Estes erros podem provocar diversos danos ao comportamento da estrutura. Inicialmente podem comprometer uma adequada concretagem, uma vez que armaduras posicionadas próximas a outras dificultam ou impedem a passagem do concreto, em especial quando o concreto não apresenta adequada trabalhabilidade, mas, sobretudo, na maioria das vezes impede a passagem do vibrador, fato que compromete integralmente a qualidade do concreto vibrado de maneira inadequada.

Este problema também pode resultar na formação de bolhas de ar sob as barras, comprometendo a aderência entre aço e concreto, indispensável ao adequado funcionamento desse material, bem como, quando duas barras apresentam menor espaçamento do que aqueles estipulados na norma de projeto, faz com que ocorra a transferência de tensões entre as barras e o concreto, superior à capacidade resistente deste.

O posicionamento inadequado das barras no interior do concreto, ao impedir a passagem do vibrador, proporciona também concretos de menor resistência, em função da não retirada adequada do ar aprisionado durante a mistura do concreto. Este fato é de elevada importância, uma vez que nestes casos, haverá concreto no elemento estrutural cuja resistência não corresponde àquela obtida no rompimento dos corpos de prova, ou seja, nos procedimentos de controle de qualidade.

. A falta de adequada conferência permite a não observação de erros na quantidade ou na bitola das armaduras, sendo esta uma etapa de grande importância quanto à qualidade e adequado comportamento das estruturas. Esta conferência, no entanto, raramente é realizada pelo engenheiro responsável, sendo deixada a cargo do pessoal de execução, que normalmente tem outras preocupações na obra, mas, sobretudo, têm pouco conhecimento da importância da falta de uma barra ou da troca de bitolas entre as barras.

No caso específico das vigas e lajes, mesmo erros para mais, comprometem os critérios de segurança da estrutura, uma vez que ao reduzir as tensões no aço, ocorre a sobrecarga do concreto, permitindo que, em caso de uma ruptura, esta ocorra por esmagamento do concreto, fato que caracteriza uma ruptura brusca, mais crítica quanto maior for a resistência do concreto utilizado.

O posicionamento inadequado originalmente ou alterado pelas operações de concretagem compromete de forma intensa a capacidade de suporte do elemento estrutural, modificando inicialmente a sua rigidez e a sua ductilidade. Este fato é responsável por alterações nas distribuições de momentos previstas no modelo computacional devido ao primeiro fator, mas, sobretudo por modificar a função do aço no interior do elemento, levando o mesmo a ter tensões menores e sobrecarregando o concreto, que submetido à tração ou compressão pode ser levado ao seu limite e efetivamente romper. No capítulo 8 será discutida de maneira mais detalhada a questão da ductilidade do material concreto armado, uma característica indispensável a ser considerada na elaboração dos modelos computacionais, na sua interpretação e, sobretudo na composição do adequado detalhamento das armaduras.

5.4 Adensamento inadequado do concreto

Este é um fator de elevada importância na qualidade e na segurança das estruturas. Esta falha, que pode ocorrer pelo inadequado posicionamento das armaduras, também ocorre pela falta de conhecimento da técnica adequada de uso do vibrador. Embora de uso aparentemente simples o vibrador tem posição e forma adequada de uso. A NBR 14931/23 alerta para o problema, mas não define todos os cuidados que devem ser tomados.

O uso inadequado do vibrador, por exemplo, em posição muito inclinado, ou na horizontal, como é muito comum em lajes, provoca a segregação do concreto, ou seja, os componentes misturados são separados, provocando a redução da resistência do concreto. Este fato não é observado de imediato, sendo constatado apenas quando surgem fissuras, muitas vezes inesperadas, mas resultantes de solicitações sobre concreto de menor resistência do que a prevista.

O vibrador é um equipamento que emite ondas a partir de seu eixo. Estas ondas devem se deslocar na horizontal de modo a forçar as bolhas de ar para cima. Em geral as ondas formadas pelo vibrador apresentam eficiência em um raio de 15 a 20 cm, portanto, devem ser posicionados a cada 30 ou 40 cm. Em cada ponto de posicionamento o vibrador não deve estar em contato com as formas ou com as barras de aço, uma vez que o objetivo da ação é adensar o concreto.

Quanto ao tempo de intervenção deve ser apenas o suficiente para que o concreto assente, ou seja, ao terminar de expulsar o ar aprisionado o volume da massa se estabilize, são poucos segundos e a seguir o equipamento deve ser retirado da massa de forma lenta e contínua. Neste prazo ocorre a remoção do ar aprisionado, a continuidade desnecessária tende a causar a segregação da mistura, fato que não faz parte da finalidade da vibração e nem é adequado aos objetivos esperados.

Devido ao hábito causado pela má formação e pelo fato de não ter o entendimento físico do efeito do equipamento, os operadores tendem a usar o equipamento inclinado ou mesmo quase deitado. Neste caso as ondas ocorrem na vertical, empurrando para cima a pasta mais leve deixando os agregados no fundo. Este processo de segregação resulta num concreto não uniforme, que ao endurecer será composto por uma pasta rica em cimento na face superior, portanto, muito propensa a fissuras de retração, enquanto no fundo, o acúmulo de agregados formará falhas denominadas "brocas" ou "ninhos de britas".

O adensamento inadequado ou insuficiente é determinante no comprometimento do confinamento das armaduras no interior do elemento estrutural, comprometendo a aderência com o concreto e impedindo a adequada transferência das forças, indispensável ao funcionamento dos elementos estruturais.

O concreto da viga mostrada na figura 21, não atende às especificações de projeto, independentemente de quais sejam. A falta de adensamento e os consequentes vazios alteram completamente o comportamento esperado para o elemento estrutural.

Figura 21: Concreto brocado associado à armadura com cobrimento inadequado.

5.5 Falta de cura adequada

A cura do concreto tem uma elevada importância quanto ao desenvolvimento das reações químicas de hidratação do cimento, ou seja, influencia de forma direta o processo do endurecimento do concreto. Da mesma forma que o adensamento, a importância de uma adequada cura pode alterar de forma significativa as características do concreto no que tange à obtenção de sua resistência à compressão, ao módulo de elasticidade, à porosidade e a diversos outros fatores que irão comprometer o seu comportamento quanto às suas propriedades mecânicas e à sua durabilidade.

As consequências relativas às propriedades mecânicas ocasionadas por processos de exsudação e retração resultarão na remoção do cimento da pasta antes de seu endurecimento, na formação excessiva de poros e ainda, no surgimento de fissuras que certamente afetarão ainda no comportamento do elemento estrutural às deformações e à sua rigidez, além do forte comprometimento da durabilidade, através da abertura de poros que permitirão no futuro a penetração de agentes agressivos disponíveis no ambiente.

A cura, termo que significa a proteção do concreto fresco quanto ao calor e vento, deve ocorrer durante o período em que o concreto ainda pode ser considerado como jovem, ou seja, nos primeiros sete dias após o contato do cimento com a água (processo de hidratação do cimento), quando as principais reações químicas ocorrem e o concreto chega a atingir entre 60 e 70% de sua resistência à compressão aos 28 dias, tomada como referência na elaboração de projetos. Nesta fase, devido às baixas resistências, o concreto é muito suscetível à retração, resultando no surgimento de fissuras com perda de rigidez e ocorrência de deformações mais acentuadas. Também nesta fase, de modo especial dentro das primeiras 24 horas, o concreto tende a liberar calor (reações de hidratação são exotérmicas) o que provoca deformações e tensões de tração que o material ainda não tem capacidade de suportar. Também nesta fase existe uma forte tendência de a água em excesso no traço se movimentar em direção à superfície, movimento ascensional, trazendo grãos de cimento não hidratados ou em início de processo de hidratação, comprometendo a qualidade e a uniformidade da mistura do traço, tendo como consequência o seu empobrecimento, além da formação de inúmeros poros, que são zonas vazias que comprometem a integridade do material em formação.

Figura 22: Fissura com 1,2 mm de abertura em laje com 10 dias de concretada.

5.6 Formas

Além das questões geométricas, já discutidas anteriormente, as formas têm a principal função de receber um concreto no estado fluido e contê-lo até que passado o período de cura se torne um sólido. Após esta fase as formas ainda têm a função de proteger o concreto do contato direto e intenso com o ar, dificultando uma grande quantidade de CO ou CO2 contidas no ar penetrem no concreto antes da efetiva formação do hidróxido de cálcio, Silicato de Cálcio Hidratado, entre outros produtos da hidratação do cimento, fundamentais para um adequado funcionamento do concreto. Esta proteção do concreto nas primeiras idades é indispensável para a obtenção de um concreto com todas as adequadas propriedades que se desenvolvem de maneira razoavelmente lenta ao longo do tempo.

As formas evitam que o concreto perca água para o ambiente em toda a superfície onde a mesma está em contato com o concreto fresco. Nestes pontos são evitados efeitos de calor e vento, que normalmente tendem a facilitar a perda da água. Considerando que o concreto tenha sido bem dosado, com adequada relação água cimento, esta função das formas garante a efetiva hidratação do cimento. Em caso contrário, inclusive devido ao uso de formas não previamente saturadas ou de sua remoção muito rapidamente, a água do concreto fresco se perde, ocorrendo uma formação excessiva de poros e ainda, ocasionando a não hidratação de uma quantidade significativa de grãos de cimento, resultando em superfície com sinais de segregação, muito encontrada em grande número de obras.

As formas devem ser estanques, ou seja, não podem permitir qualquer perda de fluidos em suas juntas. Este fato é muito importante porque quando não suficientemente resistente às tensões causadas pelo concreto fluido contido, de maneira especial quando submetido a adensamento, as juntas apresentam aberturas que permitem o escoamento da pasta de cimento. Neste caso o concreto, ao perder parte da pasta torna-se pobre, ou seja, as proporções da mistura são alteradas de modo significativo, resultando em perda expressiva da resistência, em elevação de porosidade e de intenso comprometimento de sua durabilidade.

5.7 Juntas de dilatação

É muito comum durante as construções que as juntas sejam vedadas por concreto ou argamassas, acidentalmente ou propositalmente, o que acaba por impedir a livre movimentação das estruturas. Este fato provoca a formação de juntas em outros pontos, comprometendo a integridade estrutural. Entretanto, o que é ainda pior, e normal, quando as obstruções na junta não ocorrem de maneira uniforme, neste caso gerando movimentos de rotação da estrutura em relação a um eixo vertical, ocasionando tensões inesperadas e na maioria dos casos de valores elevados. Como previsível, a consequência deste fato é o surgimento de fissuras em pontos absolutamente inesperados em relação ao que se poderia esperar para um normal comportamento da estrutura às solicitações previstas.

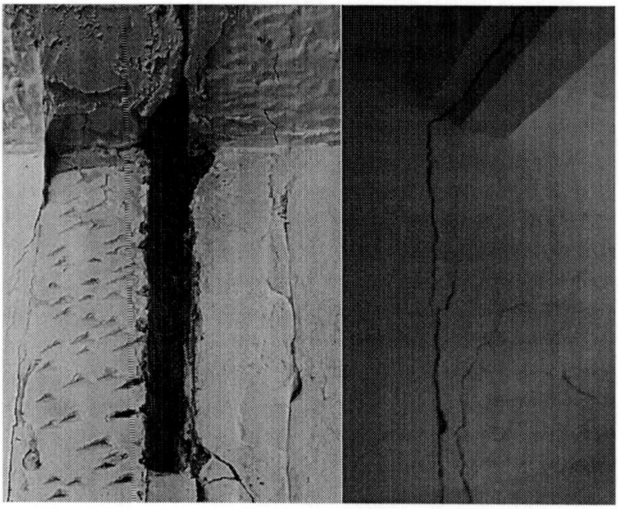

Figura 23: Juntas de dilatação bloqueadas com danos em uma grande região de seu entorno.

Figura 24: Detalhe de armadura atravessando a junta de dilatação ocasionando a sua deterioração.

5.8 Escoramentos

A execução dos escoramentos, etapa de grande importância na construção das estruturas, também pode se tornar uma grande vilã, contribuindo para a formação de danos que acompanharão a estrutura ao longo de toda a sua vida útil.

Os sistemas provisórios de sustentação da estrutura devem ser projetados de forma a suportar o seu peso próprio, o peso do concreto fresco e as cargas resultantes das operações de concretagem, como por exemplo, determinados volumes de concreto acumulado em pequenas regiões e de forma geral estarem em total conformidade com a NBR 15696/09 da ABNT.

Os escoramentos são estruturas compostas por materiais que se deformam, seja madeira ou aço. As estruturas dos escoramentos devem ser adequadamente ligadas e travadas, de maneira que quando submetidas às cargas previstas relacionadas com a concretagem, mas também com outras cargas que possam ocorrer, como por exemplo, vento, não venham a apresentar comportamento inadequado.

As deformações destas estruturas devem ser minimizadas e em muitos casos são implantadas contra flechas, ou seja, deformações contrárias, para que as peças de concreto não sejam executadas com deformações previamente inseridas.

Um fator muito comum é a falta de previsão da base onde as estruturas de escoramento serão apoiadas. Em muitas situações os apoios ocorrem sobre solo deformável, mas especialmente, solo que se deforma quando saturado durante a própria operação de concretagem, que exige saturação das formas. Nestes casos a água usada para molhar as formas escorre, satura o solo e quando ocorrem as ações geradas pelo lançamento do concreto fresco a base cede e o escoramento tem grandes deformações.

Figura 25: Falhas de escoramento.

Quando constatadas estas deformações não apresentam possibilidade de correção, tendo em vista o peso colocado sobre a estrutura, restando a opção da retirada e perda do concreto, ou aceitar uma estrutura deformada previamente que, em muitos casos irá exigir intervenções de reforço estrutural e correção da forma inadequada. Em todos os casos, são necessárias operações trabalhosas e de elevado custo, que normalmente mantêm os danos que serão propagados ao longo de toda a vida útil da estrutura, face ao comportamento inadequado e elevados custos de manutenção.

A partir de todos estes problemas, infelizmente de constatação muito comum, é natural que as estruturas apresentem problemas graves, cujas consequências serão percebidas quase que imediatamente à conclusão das etapas. Em muitos casos, novamente devido à ausência do engenheiro na obra, no tempo certo, muitos erros são ocultados por procedimentos inadequados, como uso de argamassas compostas por cimento, areia e argila, cobrindo falhas de concretagem e danos ocorridos na desforma. Estes procedimentos postergam o aparecimento dos problemas, induzindo que vistorias sejam realizadas sem a identificação dos problemas. Estas argamassas, ricas em cimento tendem a fissurar por retração, em geral fissuras de formato aleatório e de pequenas aberturas, tornando-as mais permeáveis ao longo do tempo ocorrendo desplacamento dos revestimentos em curto intervalo.

Estes problemas tendem a surgir imediatamente ou após pequeno período da sua produção, ocasionando caros e complexos processos de correção, que na maioria das vezes não recebem adequado tratamento, resultando em problemas praticamente eternos, gerando custos elevados aos usuários. Estas estruturas não atendem aos critérios de durabilidade definidos pelas normas técnicas, ocasionando um passivo de responsabilidade para o engenheiro responsável técnico pela execução da estrutura.

Figura 26: Escoramento, travamento e locais de aplicação com adequado controle.

6. Fundações

Embora muitos profissionais considerem erroneamente que o projeto das fundações é uma etapa independente do projeto estrutural, a interpretação conjunta destas duas fases é primordial para a obtenção de um comportamento uniforme e adequado das estruturas. A modelagem computacional das estruturas mostra isto claramente, quando exige em suas configurações a definição do formato de ligação entre a estrutura e suas fundações. Naturalmente não poderia ser diferente, uma vez que um comportamento inadequado da base certamente influenciará o comportamento do edifício integralmente.

Outra causa que será discutida a seguir são as falhas diretas no projeto das fundações, seja pela falta de conhecimento suficiente do solo, pelas considerações relativas à capacidade dos solos quando submetidas a condições possíveis, mas não previstas, como variações inesperadas do nível freático ou alterações devidas a construções vizinhas, *etc.* Os projetos de fundações devem sempre atender integralmente à NBR 6122/21.

Cuidados especiais devem ser tomados quanto aos concretos utilizados nos elementos de fundação, tanto em sua dosagem quanto em sua proteção. Estes cuidados se justificam devido à dificuldade de inspeção, ou mesmo, pela dificuldade de se detectar patologias em fase inicial. Corrosão, ataques por sulfatos e reações álcali-agregados, são as principais patologias observadas. Um bom traço de concreto, bem adensado e protegido com o uso de cristalizantes ou por meio de pinturas de base asfáltica, são medidas que certamente aumentarão em muito a vida útil destes elementos imprescindíveis para a garantia da durabilidade e da segurança das estruturas.

6.1 Falha de projeto/sondagem insuficiente

A elaboração dos projetos de fundações é uma etapa onde importantes problemas podem ocorrer, causando graves danos ao comportamento da construção. Um dos principais motivos dos problemas nestes projetos é causado pelo número de furos de sondagem insuficientes, de qualidade ruim, ou mesmo inexistente, além da falta de informações (ensaios) complementares quando as informações das sondagens não são suficientes. As investigações geotécnicas em pouca quantidade ou de má qualidade em muitos casos levam a decisões que comprometem a qualidade dos projetos das fundações e graves danos ao comportamento da estrutura. Os projetos em geral são elaborados de forma excessivamente econômica, baseados em informações pouco precisas, o que permite que com muita facilidade os limites efetivos sejam extrapolados e as fundações apresentem problemas de comportamento inadequado.

Os critérios de dimensionamento das fundações em muitos casos estão baseados em modelos matemáticos ou empíricos, que estimam o comportamento dos solos quando submetidos às solicitações transferidas pelas fundações. Entretanto, para que estes modelos sejam efetivamente confiáveis se torna fundamental e determinante uma quantidade de dados que, na maioria das vezes, não está disponível, uma vez que sua obtenção demanda tempo e custos muito elevados. Com poucos ou inadequados dados os modelos geram previsões que não ocorrem, resultando em rupturas, recalques excessivos ou outros problemas nas fundações.

Todos os problemas aqui apontados, caso não cheguem a provocar consequências maiores, no mínimo acabam por resultar em tensões elevadas e não previstas nos elementos estruturais, que tendem a fissurar e no mínimo, comprometer a durabilidade destas estruturas.

O comportamento inadequado das fundações em muitos casos pode não ser percebido e as patologias constatadas são associadas à natural deterioração do concreto, recebendo tratamentos inadequados, então em pouco tempo os problemas retornam sem que seja definida a correta causa. Estes reparos inadequados resultam em processos acelerados de deterioração com um crescimento exponencial de custo a recair em geral sobre os usuários da construção, que por vezes pagam duas ou três vezes pelo seu imóvel.

Em casos reais, problemas de fundações não identificados, ou pelo menos não constatados em tempo adequado, tornaram-se responsáveis por desabamentos ou por acidentes de menores consequências, mas de custo de restauração muito elevado.

6.2 Desconsideração da adequada ligação estrutura x fundação

Conforme discutido no item 4.4, tem sido muito habitual a desconsideração de parâmetros adequados na configuração dos programas de análise e dimensionamento das estruturas de concreto armado, relacionados à interação estrutura *versus* fundações. Esta relação, primordial para o bom comportamento das construções, tem sido relegada sob a argumentação que são projetos diferentes e que, portanto, devem ser feitos por especialistas diferentes.

Nos edifícios de maior altura, em função de cargas mais elevadas, efetivamente se torna de grande importância a participação de um engenheiro geotécnico, isto não torna os projetos independentes. O trabalho do projetista de estruturas e do especialista em fundações, não pode ser realizado de forma isolada, como tem sido constatado em muitos casos. É fundamental que haja uma interação entre os profissionais, principalmente na montagem do modelo computacional do edifício, para que sejam inseridos parâmetros geotécnicos adequados, para que efetivamente o edifício tenha um comportamento compatível com o de suas fundações. A denominada interação solo *versus* estrutura é indispensável para a garantia do comportamento adequado.

A interação solo *versus* estrutura se constitui na determinação de coeficientes de mola que serão aplicadas na base das estruturas, onde serão admitidos deslocamentos e rotações nos três eixos principais. Estes deslocamentos e rotações ocorrerão conforme a rigidez de molas (diferentes em cada um dos seis graus de liberdade) que serão função do tipo de solo e do tipo da fundação adotada. As decisões necessitam ocorrer de modo concomitante entre projetistas da estrutura e das fundações, sendo perfeitamente coerente que seja uma única pessoa em muitas ocasiões, ou que o projetista da estrutura seja auxiliado pelo geotécnico nas estruturas de maior importância.

A técnica de aplicação desta metodologia, atualmente está inserida no programa TQS que calcula as molas a partir da introdução dos dados de sondagem, ou nos demais programas onde os coeficientes de mola devem ser introduzidos pelo operador do programa. Trata-se de técnica já bastante conhecida e divulgada nos principais meios acadêmicos, e deve ser estudada e entendida de forma adequada afim de não se tornar mais uma causa de problemas para a estrutura.

Observa-se em muitos casos que os projetos dos edifícios consideram engastamento da estrutura na base, sem qualquer consideração quanto aos parâmetros do solo de sustentação da estrutura, e posteriormente é projetada uma fundação com a consideração de parâmetros totalmente diversos do que foi considerado na estrutura.

Concluída a execução nestas condições adversas, muitas patologias começam a ocorrer, sem causas aparentes. Investigações mais cuidadosas mostram que são originadas em recalques ou rotações diferenciais entre os diversos elementos das fundações, não considerados no projeto da estrutura, fazendo surgir situações de rompimento dos elementos estruturais de modo aparentemente inesperado.

A seguir será apresentado um exemplo bem simples, de uma estrutura hiperestática submetida apenas a cargas verticais, onde é admitido um recalque de 1 cm em um dos pilares. A partir disto a análise realizada no FTOOL, sem qualquer alteração de carga, inércia ou propriedades geométricas, se tem o diagrama de momentos de flexão resultante.

As figuras a seguir mostram de maneira bastante simples as proporções dos efeitos causados por este fenômeno. Na região do recalque os momentos nas zonas de apoio das vigas trocam de sinal e passam a valores muito distintos daqueles originais. Na outra coluna interna (que não teve recalques), os momentos negativos da viga aumentam de 79 para 176,2 kNm ao nível do pavimento superior.

Ressalta-se que um recalque diferencial de 10 mm é perfeitamente normal de ocorrer em uma obra, mas a diferença entre os valores de momentos ultrapassa os coeficientes de segurança preconizados e considerados nas normas técnicas.

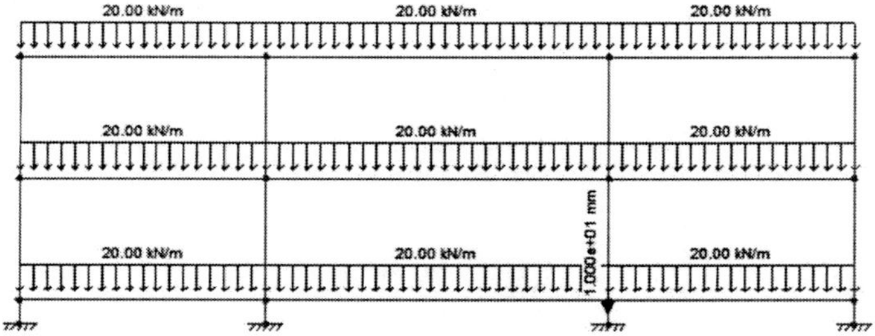

Figura 27: Carregamento aplicado.

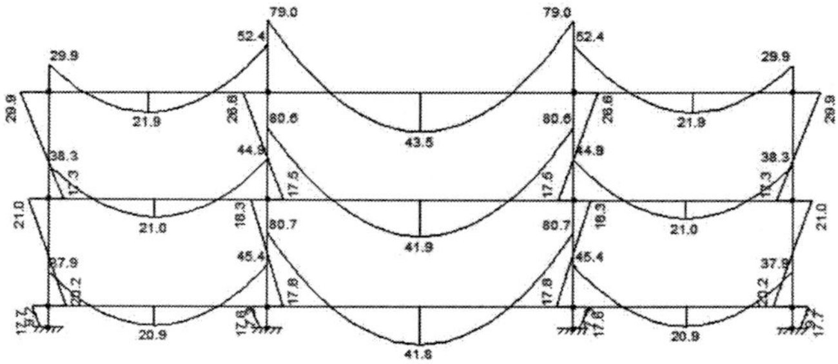

Figura 28: Momentos gerados sem o recalque (valores em kNm).

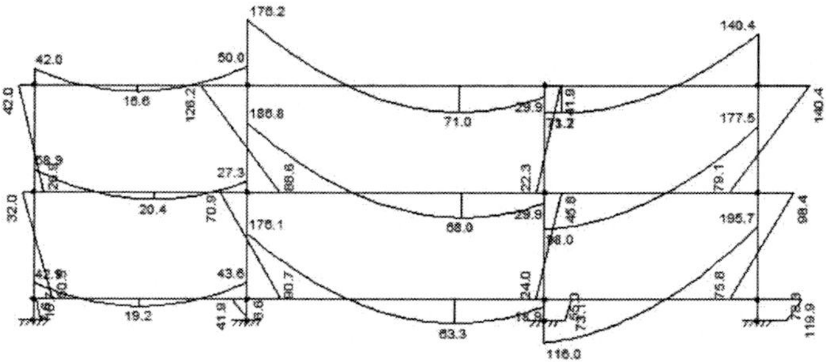

Figura 29: Momentos gerados para a introdução de um recalque de 10 mm no terceiro apoio (valores em kNm).

É importante considerar que nos projetos mais antigos, em geral de menor altura, as fundações eram analisadas juntamente com a estrutura do prédio, o que resultava em adequado comportamento de ambas as partes. Considere-se ainda que as maiores dimensões geradas por modelos menos refinados, permitia que estas situações fossem contornadas pela redistribuição de solicitações na própria estrutura, e as consequências, quando ocorriam, apresentavam menor magnitude de danos.

6.3 Alterações do solo ao longo da vida da obra

Um fator de elevada importância e bastante comum é a ocorrência de recalques diferenciais ou mesmo da ruptura de elementos das fundações após um período longo de utilização da obra, com suas consequentes fissuras em alvenarias e elementos estruturais, além do surgimento de afundamentos em calçadas vizinhas à obra e infiltrações em telhados.

Este fato na maioria das vezes é resultante de alteração das condições do terreno sob a construção. Esta alteração ocorre em muitos casos devido a modificações nas pressões internas entre os grãos que constituem o solo, responsáveis pela capacidade de suporte do mesmo às solicitações nas fundações. Estas alterações resultam em perda de resistência, perda de coesão e alterações nas características físicas dos solos.

As variações no nível do lençol freático devido a chuvas intensas, ou a rebaixamentos para implantação de obras nas vizinhanças, sismos naturais ou vibrações provocadas por equipamentos ou explosivos que passam a operar sobre a estrutura ou em sua vizinhança, escavações em terrenos vizinhos ou implantação de cargas elevadas nas proximidades da obra mais antiga, além dos clássicos vazamentos de esgoto que deterioram a integridade do solo pelo carregamento de grãos.

O vazamento de esgotos é ainda, em muitos casos, responsável pela desintegração do concreto dos elementos de fundação devido aos sulfatos nele contidos. Os sulfatos geram reações químicas que destroem a matriz cimentícia que efetivam a ligação dos agregados, formando o material concreto.

Outras patologias também são responsáveis pela desintegração do concreto dos elementos de fundação, como as várias RAA (Reações Álcali-Agregados) e outros ataques químicos, em especial por vazamentos em áreas industriais.

Todos estes fatores alteram de forma significativa o comportamento dos elementos estruturais que constituem as fundações, sejam sapatas, blocos de coroamento, ou outros, que comprometem a integridade e segurança, em muitos casos provocando a ruína integral das estruturas.

6.4 Recomendações normativas

A separação das normas das fundações e das estruturas é um fator que induz à separação de projetos. A NBR 6122/21 deveria apresentar exigências de compatibilização entre os projetos. Embora seja um problema claro e óbvio, a grande incidência deste tipo de problema deve despertar a necessidade desta obrigatoriedade normativa de interação dos parâmetros a serem utilizados de maneira comum na elaboração dos dois projetos.

Apesar da grande quantidade de exigências normativas, ainda é possível projetar estruturas de elevada esbeltez, ou seja, estruturas com deformabilidade considerável que ao serem submetidas a quaisquer efeitos não previstos ocasionam o surgimento de patologias de importância significativa quanto à integridade e segurança. Entre estes efeitos "inesperados" podemos considerar as falhas de construção, pequenas vibrações, pequenos excessos de carregamentos, ventos de maior intensidade, entre outros.

A norma de fundações considera que o projeto deve ser desenvolvido com base nas solicitações a serem transferidas pela estrutura, assim quando o projetista de estruturas engasta suas bases, as cargas transferidas ao projeto de fundações acabam sendo muito elevadas, uma vez que o engastamento considera a existência de alta rigidez, atraindo desta forma momentos de maiores magnitudes do que aqueles que efetivamente solicitam estas fundações. Estes momentos mais elevados tendem a gerar uma maior quantidade de estacas, no caso das fundações profundas, resultando em blocos de coroamento com dimensões e armações de grande volume, elevando custo que em geral não é observado pelos construtores, já acostumados com o custo elevado das fundações. Estes elementos de grandes dimensões e rigidez excessiva acabam por receber solicitações não previstas, resultando em comportamento insatisfatório para a estrutura.

A norma de projetos define em seu capítulo 14 que "em casos mais complexos, a interação solo-estrutura deve ser contemplada pelo modelo". É de se supor que os edifícios de múltiplos pavimentos, em especial acima de 10, podem ser considerados como casos mais complexos, tornando então obrigatória a consideração deste processo no dimensionamento das estruturas e na geração das cargas a serem transferidas às fundações.

É importante também considerar que o dimensionamento de blocos de coroamento de estacas deve ser realizado pelo modelo de bielas e tirantes, preconizado no capítulo 22 da NBR 6118/23. Tem sido comum encontrar blocos dimensionados à luz da versão 2003 desta norma, sem armadura na parte superior, uma vez que o modelo considera que nesta zona ocorrem apenas forças de compressão, entretanto, este modelo é muito simples e não detecta a ocorrência de tensões de tração que muitas vezes ocorrem na região superior do bloco, no entorno da área de contato com o pilar. Os modelos em elementos finitos mostram a ocorrência desta ação, que exige na maioria dos casos a armação superior, compondo a tradicional "gaiola". A versão de 2014 da referida norma, complementando a versão anterior, menciona que não é permitido deixar sem armadura regiões dos elementos estruturais apenas com base em solicitações ou tensões obtidas em modelos numéricos. Que os modelos bi ou tri dimensionais em elementos finitos podem ser usados em toda a análise e como base para o dimensionamento das armaduras, entretanto, como afirma no item 14.2.3, repetido no 14.2.4, que devem sempre ser respeitadas as quantidades mínimas e máximas exigidas segundo a Teoria do Concreto Estrutural. Então é possível concluir que a partir de 2014, não é permitido projetar blocos de coroamento sem armadura na face superior.

As normas de desempenho têm representado importante papel ao definir prazos efetivos de durabilidade para as estruturas, ainda que apenas em prédios residenciais, uma vez que estes prédios são aqueles nos quais ocorre a maioria dos problemas tratados no presente texto.

No capítulo 3 foi discutida a evolução das normas brasileiras voltadas para o projeto das estruturas de concreto armado, demonstrando que esta evolução afeta de forma intensa a qualidade e a durabilidade das obras. Fica claro que a tendência crescente é de que as normas obriguem as obras de maior rigidez, de menor deformabilidade e estruturas mais adequadas à utilização e mais duráveis, resultando em custos de construção mais elevados, entretanto, em custos finais (construção + manutenção) reduzidos, como efetivamente deve ser sempre considerado.

6.5 Falhas de execução

Da mesma forma que na execução das estruturas, os elementos de fundação apresentam inúmeras possibilidades de erro de execução que introduzem solicitações não previstas e eventualmente tensões acima daquelas consideradas no dimensionamento.

Um dos erros mais habituais é a locação geométrica dos elementos de fundação, sapatas ou estacas, que quase regularmente apresentam erros quanto aos posicionamentos, e no caso das estacas este erro é adicionado pela perda da verticalidade dos elementos, fato que ocorre na tentativa de corrigir a posição, ou mesmo por desnivelamento do equipamento de cravação ou de perfuração.

A falta de cuidado com o cobrimento das armaduras é também bastante comum na execução dos elementos de concreto armado, fato que, em geral, demanda bastante tempo para resultar em sinais para a estrutura. O processo de deterioração dos elementos enterrados é bem mais lento do que para os elementos expostos ao ar, exceto quando se trata de solo contaminado por agentes agressivos, inclusive esgotos. A demora maior no processo da corrosão é exatamente devido à menor presença do ar no interior dos solos. Entretanto, nos casos de solos com contaminações químicas, presença de água salgada ou contaminação intensa por esgoto, o processo de deterioração acelera com a corrosão do aço sem o adequado cobrimento, devido ao ataque de cloretos ou pela destruição da matriz cimentícia, casos em que ocorre a formação de sulfatos.

Tendo em vista hábitos de detalhamento gerados por projetos realizados durante a vigência da NBR 6118/03, muitos blocos de coroamento não têm a armadura superior, quando muitas vezes ocorre a formação de fissuras na face superior, devido ao surgimento de forças de tração resultantes das bielas inclinadas no interior do concreto. Os elementos dimensionados antes de 2003 e após 2014 devem ter sua armação no formato da "gaiola" completa, uma vez que, como demonstrado no item anterior, não é mais permitido o detalhamento da gaiola aberta, justamente devido ao surgimento destas tensões com elevado potencial de fraturar o concreto do bloco em sua face superior.

Outro ponto fundamental a ser cuidado é o cobrimento mínimo de 50 mm preconizado pela NBR 6118/23 para elementos em contato com o solo. Este cobrimento visa uma proteção mínima para garantia de adequada vida útil. Neste caso, embora não haja recomendação normativa, como visto anteriormente, deve ser considerada a aplicação de pintura de base asfáltica ou a incorporação de cristalizantes no concreto, durante sua execução, visando uma melhor vedação do concreto que constitui o bloco, de forma especial se houver a possibilidade de contato com nível freático ou com eventuais vazamentos de esgoto.

Figura 30: Elemento de fundação semidestruído por abrasão, ataque de sulfatos e cloretos.

Figura 31: Fundação em estacas danificadas por acidente (impacto).

7. Detalhamento das Armaduras no Concreto Armado (Ductilidade)

A principal e direta consequência do comportamento inadequado das estruturas é a ductilidade. As demais falhas de projeto discutidas anteriormente são de grande importância, entretanto, a falta de um efetivo entendimento quanto ao real funcionamento do concreto armado nos elementos estruturais, de forma complementar aos modelos de dimensionamento utilizados, pode ser uma das mais graves.

As estruturas, quando não analisadas devidamente e quando não detalhadas de maneira adequada, resultam em uma ductilidade deficiente, fazendo com que os elementos que a constituem apresentem comportamento diverso daquele que é esperado por todos para uma estrutura dita bem comportada.

O detalhamento das armaduras dependerá de um bom e eficiente modelo de pórtico espacial, que considere de forma adequada as ligações entre os elementos de lajes, vigas e pilares, onde as cargas sejam distribuídas de modo adequado, os materiais especificados de maneira que possam se tornar realidade da obra construída (em especial, o módulo de elasticidade do concreto, ver item 4.1).

Conforme G. Macchi (*Apud* CEB 1998), a história das estruturas de concreto é uma feliz coincidência dos seguintes fatores:

- complementação das propriedades entre concreto e aço;
- intuição dos engenheiros em explorar estas propriedades;
- sucesso da aplicação destas intuitivas técnicas nos projetos e execução.

Nem todas as propriedades do aço, do concreto e da combinação destes materiais são completamente conhecidas, entretanto, o conhecimento desenvolvido é crescente com o tempo. Isto sustenta a intuição dos engenheiros e avança para melhores modelagens e aplicações. Ressalta-se que as propriedades dos materiais de construção se desenvolvem com o avanço tecnológico.

Em relação ao aço da armação, muito tem sido feito para ampliar suas propriedades e qualidades. Aspectos positivos deste desenvolvimento são as melhorias nas propriedades da aderência, elevação da resistência e soldabilidade. Ao mesmo tempo algumas consequências indesejadas destes avanços têm sido aceitas, como por exemplo, menores deformações no escoamento e menores alongamentos na ruptura. A ocorrência simultânea destes dois aspectos é uma menor ductilidade dos elementos de concreto armado devido à redução do comprimento da rótula plástica, devido ao menor alongamento no escoamento, bem como pela menor capacidade de deformação última do aço. Entretanto, boas propriedades de aderência das barras nervuradas, a deformação específica média ser muito menor que a deformação específica do aço no rompimento, leva a uma redução ainda maior da capacidade de rotação da rótula plástica.

As implicações do uso dos concretos de alta resistência, também devem ser consideradas. As propriedades de aderência, essencial na determinação das deformações específicas do aço no interior do concreto, são diferentes para concretos de alta resistência em relação aos concretos normais. O aumento da fragilidade dos concretos de alta resistência pode intensificar alguns fenômenos, tais como a dependência das dimensões dos elementos. Em concretos de alta resistência, diferentes mecanismos de ruptura podem ocorrer, os quais podem influenciar significativamente a capacidade de rotação dos elementos armados.

Deve-se estar ciente e entender estes problemas, relembrando que muitas evidências experimentais que consideramos como verdades são originadas de ensaios com tipos antigos de materiais. As bases experimentais usadas na formulação dos atuais e os correntes métodos para considerar a ductilidade e estimar a capacidade de deformação dos elementos de concreto armado, devem ser verificados com novos ensaios e materiais atuais para garantir a aplicabilidade das abordagens conhecidas ou promover ajustes que sejam necessários.

A ductilidade dos elementos em concreto armado é um requerimento básico de vários métodos de projeto. Alguns métodos podem perder sua validade se a resposta da estrutura não apresenta adequada ductilidade. Vale a pena resumir brevemente os procedimentos comuns de projeto e apontar alguns métodos de engenharia que podem ser usados somente quando os membros são suficientemente dúcteis. A capacidade de deformação plástica dos elementos de concreto armado é indispensável para:

- alertar antes da ruína de estruturas estaticamente determinadas ou indeterminadas, devido às grandes deformações;

- análise linear elástica (análise linear sem redistribuição de momentos baseada na seção íntegra) que demanda uma certa capacidade de rotação nas áreas plastificadas, porque a real distribuição de momentos difere da distribuição assumida para o desenvolvimento elástico devido às fissuras do concreto e as mudanças de distribuição da rigidez ao longo do eixo do elemento;

- análise linear elástica com redistribuição de momentos, os quais requerem uma capacidade de rotação nas áreas plastificadas para permitir a ocorrência do grau de redistribuição assumido;

- análise elasto-plástica a qual é baseada em assumir uma infinita plasticidade do elemento;

- métodos de equilíbrio nos quais o método é válido somente se a compatibilidade dos deslocamentos pode ocorrer (exemplos são os modelos de treliças, e modelos biela tirante). Para aplicação destes modelos a armação precisa apresentar ductilidade suficiente que permita a distribuição de tensões elásticas para aquela assumida pelos modelos (demanda particular de ductilidade para armaduras de força cortante);

- resistência contra deformações impostas (devido à temperatura, recalques, retração e fluência), as quais necessitam de adaptação plástica da estrutura para evitar tensões inaceitáveis, usualmente não determinadas em detalhes e não são consideradas com adequada precisão;

- capacidade para resistir a imprevistos como impactos localizados e cargas acidentais, sem colapso;

- redistribuição de forças internas em estruturas estaticamente indeterminadas sob incêndio (condição de resistência ao fogo);

- dissipação de energia sob cargas cíclicas (por exemplo, ventos e sismos);

- deformabilidade das barras necessárias à flexão das armaduras.

Esta lista de situações, nas quais a ductilidade dos elementos de concreto armado é necessária, mostra a importância do tema. Em relação a isto, se torna evidente que a busca por projetos seguros, em presença dos contínuos avanços nas propriedades dos materiais, precisam ter suas regras continuamente revistas.

7.1 As Estruturas Estaticamente Indeterminadas

As estruturas de concreto armado apresentam um comportamento predominantemente não linear quando submetidas ao acréscimo de ações. Esta não linearidade influencia a distribuição dos efeitos das ações nas estruturas estaticamente indeterminadas.

Considerando uma viga contínua esbelta sobre vários apoios, avaliando um dos vãos centrais (bi engastado) com carga uniformemente distribuída, a distribuição elástica dos momentos pode ser $\delta = 1$ se M(suporte) que é o momento solicitante e M(elástico), ou seja, o momento calculado conforme a teoria da elasticidade, forem iguais, ou pode ser alguma parcela de 1 quando ocorre a redistribuição. No caso de $\delta = 1$, a soma dos momentos negativos e positivos (M0) em um vão central (ver figura 3.1) se distribui em 2/3 M0 para os negativos e 1/3 M0 para o positivo. Se $\delta = 0{,}5$ equivale a uma redistribuição de 50% do momento negativo, ou seja, teremos 1/3 de M0 para os negativos e 2/3 M0 para os positivos. Para pequenas cargas, o concreto permanece íntegro.

Após a fissuração, a rigidez permanece quase constante ao longo do vão (considerando a seção constante ao longo do vão) e os momentos são distribuídos conforme a teoria da elasticidade. Em uma distribuição uniforme de carregamento, o momento sobre o apoio (negativo) é maior que o momento no vão. Então a viga "quebrará" primeiro sobre o apoio. Após a fratura do concreto ocorre uma redução na rigidez à flexão de modo que para manter o equilíbrio geral, o momento no vão (positivo) cresce rapidamente. Se a carga é então elevada, fissuras no vão também ocorrem. Para um aumento de cargas a distribuição dos momentos dependerá inteiramente da distribuição da rigidez ao longo do elemento. Em geral, após a fissuração, a rigidez será aproximadamente proporcional à taxa de armadura em cada seção do elemento. A diferença na rigidez determinará qual seção atingirá primeiro o momento de escoamento (aquele que causa o escoamento das armaduras). Se o acréscimo da deformação específica a partir do escoamento do aço não for considerado, nenhum acréscimo na capacidade de momento é previsto no elemento com um acréscimo de carga. Na realidade o momento no apoio aumenta, dependente da relação entre a deformação específica de ruptura e a deformação específica de escoamento do aço da armação. Desenvolve-se uma rótula plástica e é iniciada uma rotação.

O desenvolvimento do mecanismo de colapso, com adicional aumento de carga, formará também uma rótula plástica no meio do vão. Por razões de compatibilidade a rotação no vão deverá ser igual à rotação nos apoios. Para isto, a rótula do apoio deve apresentar suficiente capacidade de rotação para que a viga não "quebre" até à completa formação da rótula do vão.

7.2 A importância da Redistribuição dos Momentos

A capacidade de rotação plástica pode ser definida como a diferença entre a capacidade de rotação total da rótula, quando submetida ao momento máximo e a rotação no início do escoamento das armaduras.

A redistribuição do momento total é um sistema estaticamente indeterminado baseado em dois aspectos. O primeiro está relacionado à mudança de rigidez no vão e sobre o apoio devido à formação do estado de fissuração. O segundo é governado pela ductilidade das armaduras quando passam pelo momento de escoamento na rótula. O processo depende de qual aspecto ocorrerá primeiro. Em relação ao primeiro aspecto uma forte influência do sistema estático é esperada. Isto tem sido demonstrado experimentalmente por meio de resultados de um ensaio onde uma laje engastada e livre é carregada com uma carga concentrada. Neste caso nenhuma redistribuição é esperada antes do escoamento da armadura. A experiência mostra uma leve redistribuição negativa no momento do apoio quando ocorre o escoamento da armadura, o que significa que neste estágio a redução de rigidez no vão era maior que no apoio. Entretanto, a redistribuição é muito pequena, não atingindo 2% da capacidade de suporte do elemento. Em vigas contínuas cerca de 15% do momento é redistribuído apenas pela formação de fissuras na zona do apoio e eventualmente no vão.

Alguns dos mais importantes benefícios da redistribuição dos momentos nas estruturas hiperestáticas:

- transferência dos momentos das áreas mais tensionadas para áreas menos tensionadas;

- posicionamento de menos armaduras de aço nas zonas de momento negativo, reduzindo as tensões nas zonas comprimidas da seção (vantagens particularmente no afinamento da alma das seções T);

- economia de armaduras de aço por não haver a necessidade de dimensioná-las aos momentos máximos resultantes das envoltórias obtidas por diferentes combinações de carregamentos;

- redução do congestionamento de barras sobre os apoios de vigas contínuas ou lajes, melhorando as condições para aplicação e adensamento de concreto de boa qualidade nestas zonas críticas;

- maior liberdade para o projetista distribuir (detalhar) as armaduras.

A redistribuição de momentos é indispensável para garantir que as estruturas possam trabalhar de maneira apropriada, tirando o melhor proveito dos materiais que as constituem.

Seguem-se alguns fatores que influenciam a redistribuição dos momentos, conforme observado por Cohn em 1979. Estes fatores serão distribuídos em três importantes grupos.

1 - Parâmetros dependentes dos materiais.

Propriedades mecânicas do concreto na tensão e na compressão.
Resistência e ductilidade das barras de aço.
Propriedades da aderência das armaduras.

2 - Parâmetros dependentes da geometria dos elementos.
Forma da seção.
Taxa mecânica e taxa geométrica das armaduras.
Porcentagem de Armadura transversal (confinamento).
Detalhamento das armaduras (diâmetro das barras e distribuição).
Relação de esbeltez.
Tamanho dos elementos.

3 - Parâmetros dependentes do sistema estático e de carregamentos.
Sistema estático.
Efeitos devidos à força cortante.
Tipos de carregamentos (gradiente de momentos, cargas axiais).
Aplicação das cargas.
Duração das cargas.
Repetição e alternância das cargas (vibrações).

Definir valores para as rótulas plásticas é verdadeiramente uma tarefa complexa, principalmente devido à interação de todos os fatores listados. A aderência das armaduras dependerá da resistência e compacidade do concreto, das características da barra de aço, do confinamento (ativo e passivo) do concreto e do detalhamento das armaduras, por exemplo. Uma lista igualmente longa pode ser construída com respeito a qualquer outro fenômeno estrutural. Devido à grande quantidade de fatores e à sua forte variabilidade, além dos efeitos inerentes aos fatores estocásticos de cada um, os resultados experimentais mostram uma importante variabilidade nos valores da capacidade de rotação obtidos.

A influência de alguns fatores importantes pode ser confirmada a partir de observações empíricas. A altura da zona comprimida na ruptura (a razão de x/d) pode, de maneira muito importante, representar os efeitos das características dos materiais utilizados (concreto e aço), bem como, da geometria da seção transversal e a quantidade de armaduras tracionadas e comprimidas.

Estudos experimentais realizados por Siviero (1976) usando aços de elevada ductilidade mostraram que na maioria dos ensaios o concreto rompeu por esmagamento da zona comprimida, sem a ocorrência da ruptura do aço.

Esta conclusão mostra a importância de não haver excesso de armaduras em vigas submetidas à flexão, evitando que a ruptura ocorra por esmagamento do concreto, que é uma ruptura atingida com pequenas deformações, muitas vezes sem a possibilidade de visualização prévia de que a estrutura está se comportando de modo inadequado. Esta ruptura pode e deve ser considerada frágil. Devemos ainda ter em conta que o aço utilizado na pesquisa mencionada apresentava ainda uma maior ductilidade do que os aços hoje disponíveis no mercado brasileiro.

Embora a ruptura não seja o objetivo do projeto, deve ser considerado e alertado que devemos nos precaver sempre ao elaborar qualquer projeto estrutural, pois em ocorrendo a ruptura, que o elo mais fraco seja a armadura, uma vez que devido à sua maior ductilidade em relação ao concreto, ocorrerão sinais prévios, que permitirão a tomada de ações que evitem piores consequências, como escoramento da estrutura, ou mesmo, a sua evacuação. Ressalta-se que a armadura se alonga muito antes da ruptura (para o aço CA-50 é possível observar em laboratórios, que raramente a ruptura ocorrerá antes de 50/1000, enquanto o concreto rompe a compressão por volta dos 5/1000), permitindo que o problema seja visualizado com boa antecedência e medidas possam ser tomadas a fim de evitar a ruptura final.

É ainda importante atentar que é um excesso de simplificação definir a capacidade de rotação somente pelo parâmetro $\xi = x/d$. Entretanto, o valor de ξ depende fortemente do limite da posição da linha neutra adotada para a ruptura. Então a taxa mecânica de armadura ω (independentemente do método de análise da seção) teria consideração preferencial quando for considerada a armação na zona de compressão, somada, eventualmente, às forças de protensão. Nas situações de armadura dupla a análise deve considerar a taxa mecânica de armadura efetiva ω_{eff} ou seja, a taxa de armadura realmente associada ao modelo de resistência composto pelo binário entre o aço e o concreto.

A taxa mecânica de armadura efetiva ω_{eff} é definida como sendo a diferença entre a taxa mecânica da armadura tracionada e a taxa mecânica da armadura comprimida, onde A_s é a armadura tracionada e A'_s é a armadura comprimida, sendo ainda, f_y a tensão de escoamento do aço e f_c a resistência à compressão do concreto. Na equação, é a largura da peça (em seções T a largura efetiva deve ser considerada) e d a altura útil do elemento.

$$\omega_s = \frac{A_S \cdot f_y}{b.d.f_c} \text{ (taxa mecânica tracionada)}$$

$$W_{s'} = \frac{A_{S'} \cdot f_y}{b.d.f_c} \text{ (taxa mecânica comprimida) onde}$$

$$\omega_{eff} = \omega_s - W_{S'}$$

É possível o uso sistemático de resultados de série de ensaios para avaliar a influência de fatores e suas quantidades na influência da capacidade de rotação de elementos de concreto armado. Em primeiro lugar deve ser discutida a influência da força cortante na deformação de articulações plásticas. A partir de muitos estudos apresentados e discutidos na literatura, é possível afirmar que a depender da magnitude da força cortante em regiões críticas de determinados elementos, dois tipos de rótulas plásticas podem ser desenvolvidos. A conhecida rótula de quebra à flexão ocorre em uma região do elemento na qual o momento de flexão é predominante, enquanto a rótula de fratura de força cortante, é desenvolvida em uma zona onde, além do momento de flexão, se tem uma força cortante.

Ao contrário da rótula de fratura à flexão, onde a deformação plástica pode se concentrar em uma única ou poucas fissuras, resultando em uma capacidade de rotação relativamente baixa, a rótula de ruptura por força cortante resulta em um considerável acréscimo da capacidade de rotação das rótulas de flexão, mostrando que o concreto contribui com uma capacidade de resistência à força cortante, a fim de evitar a fratura por corte. Este aumento na capacidade de rotação é devido à elevação das forças de tração como resultado da inclinação das fissuras que aumentam o comprimento da rótula plástica. O valor da tensão cisalhante comanda não somente a transição entre um e outro tipo de rótula plástica, mas influencia o valor da capacidade de rotação para cada tipo de rótula plástica, demonstrando que a combinação entre tensões normais e cisalhantes, em muitos casos, pode ser um fator favorável.

Observa-se que em uma rótula de fratura por flexão, as deformações plásticas são concentradas em uma menor zona quanto maior for a tensão cisalhante, provocando uma redução na capacidade de rotação. Isto sugere que a capacidade de rotação pode estar associada à taxa de armação. No caso da rotação de fratura por força cortante a capacidade de rotação também é reduzida para valores mais elevados da tensão cisalhante. Entretanto, se suficiente armação à força cortante é considerada, uma forte redução na capacidade de rotação pode ser observada. Esta rotação, no entanto, somente ocorrerá se ocorrer uma fratura por força cortante devido ao esmagamento do concreto da alma. O confinamento da zona de compressão por estribos, os quais são posicionados visando evitar a ruptura por corte, permitem maior deformação do concreto comprimido e uma maior capacidade de rotação do elemento.

Resultados dos estudos de Langer (1987 – *apud* CEB 1998) demonstram os efeitos de esbeltez dos elementos (incluindo esbeltez ao corte) no desenvolvimento de fraturas de força cortante em zonas rotuladas, e na rotação plástica disponível. Estudos experimentais demonstram um aumento na capacidade de rotação com um aumento de esbeltez. Entretanto, na zona de transição, entre um tipo de padrão de quebra e outro, ocorre uma significante queda nos valores de rotação plástica, apesar do crescimento da esbeltez.

Entretanto, dependendo da relação de esbeltez (ou mais precisamente da esbeltez à força cortante), diferentes tipos de rótulas podem ser desenvolvidos e significativamente diferentes capacidades de deformação podem ser esperadas.

Este fenômeno em discussão tem uma grande importância para modelagem da região das rótulas, sendo crucial considerar se somente fissuras de flexão são esperadas ou se as fraturas de força cortante são também esperadas no modelo. No último caso, os resultados das simulações de vigas simplesmente apoiadas com uma baixa razão de força cortante (a_q /d = 2, onde denota a distância entre o apoio e o ponto de carga) são dados por três tipos de armaduras de aço, considerando em um caso as influências positivas de fraturas inclinadas de força cortante, a serem negligenciadas no outro tipo de fratura. O efeito favorável reconhecido das fraturas na articulação à força cortante nos valores de cálculo da capacidade de rotação é encontrado em uma grande faixa de relações de armações. Isto relembra que uma relação obtida depende de um número de considerações assumidas em uma simulação (ou seja, o ângulo de inclinação das fraturas de força cortante e seção geométrica).

A NBR 6118/23, em seu capítulo 22, define a importância da análise das chamadas zonas de distúrbio pelo método das Bielas e Tirantes, que incluem as regiões de apoio das vigas, as zonas onde ocorrem os momentos negativos, conforme a figura 22.1 em seu item b-1. Nestas regiões cuidados especiais devem ser tomados em função da formação das rótulas plásticas que alteram de forma significativa a modelagem proposta.

O efeito da seção geométrica foi numericamente demonstrado por Sigrist em 1995. Esse autor verificou os valores das taxas mecânicas de armadura ω dentro da faixa onde a ruptura das armações ocorre em vigas caixão com alta capacidade de rotação plástica em relação às lajes com seção retangular normal. Isto é principalmente atribuído aos efeitos da relação entre altura dos membros e espaço de fissuras e a inclinação das bielas de compressão.

Contrário aos relativamente elevados efeitos de ação em almas caixão, as tensões nominais de cisalhamento nas lajes são relativamente baixas, causando diferenças na distribuição de forças de tração nas armaduras longitudinais. Isto ocorre devido às diferentes influências da força cortante em forças de tração.

Entretanto, a inclinação das fissuras na região da rótula plástica não é único aspecto importante no desenvolvimento das rótulas plásticas.

Além do espaçamento das fissuras e da largura, ou abertura, das mesmas, também o local da fratura tem influência na deformação dos elementos considerados. Dependendo da posição das fissuras na presença de gradiente de momentos, o comprimento das barras onde as deformações plásticas começam, pode ser significativamente diferente. A capacidade de rotação resultante de um membro varia e uma significativa variação pode ser observada devido ao padrão de fissuras desenvolvidas. Beeby em 1994 sugere a distinção entre dois modos de ruptura: a assim denominada ruptura dúctil com espalhamento de fissuras e a ruptura não dúctil com uma única fissura de maior abertura ao meio do vão. Na prática existe aproximadamente uma mesma probabilidade de desenvolvimento de um padrão de fissuração simétrico com ou sem abertura no meio do vão.

7.3 Influência da Porcentagem de Armadura na Formação das Rótulas Plásticas

A partir de uma efetiva formação de rótula plástica vários parâmetros que influenciam a capacidade de rotação podem ser discutidos separadamente. Um primeiro é o efeito da porcentagem de armação. Rupturas de membros de concreto armado podem ocorrer devido à ruptura das armações ou, se a capacidade de deformação do aço for suficientemente alta como resultado do esmagamento do concreto. Dependendo das características mecânicas dos materiais e da forma da seção transversal, um valor crítico para a relação geométrica das armaduras, ρ_s a taxa mecânica de armaduras ω_{eff} ou a razão correspondente $\xi = x/d$ podem ser determinados para marcar a transição de um para outro modo de ruptura. Na região onde a ruptura das armações é crítica, a ductilidade dos membros é diretamente governada por uma ductilidade limitada do aço. A capacidade de deformação das armaduras é completamente utilizada neste caso. Isto é o contrário do caso em que as falhas ocorrem na zona comprimida e as deformações específicas do aço são menores que a sua capacidade de deformação na ruptura. Esta descrição qualitativa ajuda a interpretar a relação entre a quantidade de aço e a capacidade de rotação de uma rótula plástica apresentada na figura 32, conforme apresentado por Eifler e Plauk (1974 *apud* CEB 1998), incluindo simulação de resultados apresentada por Langer (1987 *apud* CEB 1998).

A figura a seguir mostra que o aumento da taxa de armadura aumenta a capacidade de rotação do elemento até um determinado limite, onde essa capacidade começa a decrescer. Até atingir o limite máximo de rotação, a ruptura se dá pelo rompimento da armadura. Após o pico, a ruptura se dá pelo esmagamento do concreto.

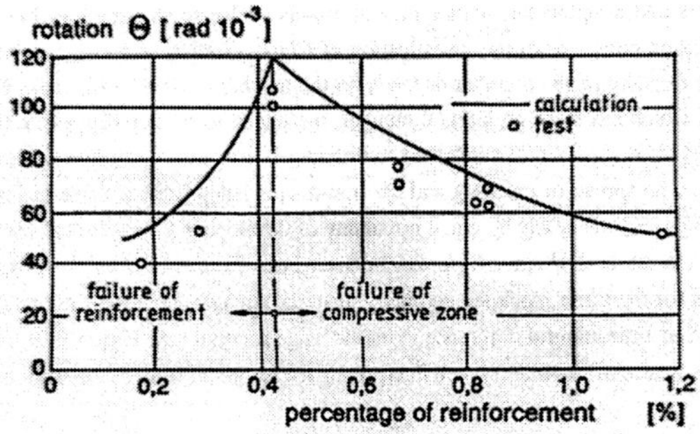

Figura 32: Influência da porcentagem de armação na capacidade de rotação de vigas em concreto armado (conforme EIFLER, PLAUK, 1974 e simulação de resultados por LANGER, 1987 *apud* CEB 1998).

Nos casos em que a ruptura pode ocorrer pelo esmagamento do concreto ao atingir o limite de sua capacidade de rotação, que pode ser consideravelmente elevado quando de um acréscimo no confinamento na zona comprimida. É importante observar que a capacidade de rotação é pouco influenciada pelo confinamento do concreto se a ruptura do aço prevalece.

Deve ser lembrado que o modo de ruptura muda devido à mudança na capacidade de deformação do aço, desde o esmagamento do concreto (SIVIERO, 1976) até o rompimento do aço (EIFLER, PLAUK, 1974 *apud* CEB 1998).

Seguindo desde a qualificação das rótulas plásticas, onde o critério de ruptura é tomado por base, a evolução dos materiais de construção influencia na capacidade de rotação disponível. A ductilidade das armaduras de aço numa primeira visão, é fundamental para a garantia da liberdade e controle da rotação do conjunto estrutural.

Logo as propriedades do aço são importantes, existindo bastante informação disponível sobre as propriedades dos diferentes tipos e classes dos aços. Para determinar a ductilidade dos aços dois parâmetros são usados, principalmente a deformação específica ε_{su} para carga máxima (referida à deformação específica última do aço) e a tensão de tração ao escoamento $\frac{f_t}{f_y}$ (relação de dureza do aço). Adicionalmente, no caso de aços de diferentes tipos com escoamentos distintos, o comprimento do patamar de escoamento é usado como parâmetro. Estas propriedades são importantes para definir o desempenho do aço da armadura com relação à capacidade de deformação da estrutura. Estes parâmetros são determinados em ensaios normais de tração. A influência destes parâmetros nessa capacidade é difícil de ser separada. Todavia, considerando a variação das propriedades dos aços, atenção deve ser dada quando da análise comparativa de ensaios. Para julgar o efeito da ductilidade do aço na capacidade de deformação do elemento estrutural um novo parâmetro precisa ser introduzido, que combina as características indicadas.

Em relação a este tema deve ser sempre lembrada a necessidade de consulta a ensaios recentes. Ao longo do tempo, a forma de fabricação do aço é ajustada conforme interesses comerciais dos fabricantes, de forma que as propriedades vão se ajustando ao longo do tempo, por vezes, de forma favorável aos conceitos discutidos, por vezes de forma desfavorável. Informações recentes mostram uma redução na ductilidade dos aços tipo CA-50 na indústria brasileira.

A qualidade dos efeitos das características tensão x deformação específica do aço na capacidade de rotação das rótulas plásticas pode ser demonstrada analiticamente de forma bem simples. Quando valores constantes da resistência à tração do aço f_t e a deformação específica última ε_{su} são assumidos, enquanto diferentes valores de tensões de escoamento e de deformação específica são utilizados, a máxima curvatura da seção e o momento último são independentes de $\frac{f_t}{f_y}$. Ao contrário, o comprimento da zona plastificada, entendida como parte do elemento onde as deformações específicas plásticas são desenvolvidas, depende diretamente de $\frac{f_t}{f_y}$, decrescendo com o decréscimo de $\frac{f_t}{f_y}$. Entretanto, na zona do escoamento também a relação entre a deformação específica média do aço e sua deformação específica de ruptura, decrescem com a redução da razão $\frac{f_t}{f_y}$, devido à reduzida penetração do escoamento ao longo da barra envolvida na vizinhança da fissura devido à flexão. Estes dois efeitos contribuem para a redução da rotação da rótula plástica se a razão do aço escoado é reduzida. No caso de ser constante a resistência à tração do aço e o limite de escoamento, mas diferentes os valores da deformação específica última do aço, valores do comprimento resultante da zona de plastificação são quase constantes, independe de ε_{su}. Entretanto, com o aumento da deformação específica última do aço, a curvatura máxima da seção cresce, resultando em um aumento da capacidade de rotação. A magnitude de ambas as influências depende, entre outras coisas, da taxa de armadura na seção. Para taxas de armaduras baixas, onde a ruptura do aço prevalece ambos os parâmetros são diretamente influentes. Para altas taxas de armadura, onde ocorre a ruptura do concreto, a capacidade de rotação crescerá com o aumento da taxa de escoamento por causa do aumento do comprimento da rótula plástica, entretanto, será quase independente do valor da deformação específica última, porque ε_{su} não é utilizado.

Muitas experiências suportam estas considerações teóricas. Como também mostram que o efeito da aderência do aço com o concreto é fundamental. A capacidade de rotação de um elemento pode ter reduções de até 50% devido à aderência, quando comparado aos casos teóricos de aço completamente aderente. Barras nervuradas e lisas representam diferenças de propriedades aderentes completamente diferentes. Neste caso, mesmo para as mesmas propriedades de ductilidade das armaduras, resultam em grandes diferenças no desempenho das estruturas.

Neste aspecto a NBR 6118 em sua versão de 2023 reduz a capacidade de aderência do aço CA-60, de forma entalhada, pelo fato de o mesmo não apresentar aderência efetiva, superior ao aço liso, quando submetido a adequados ensaios de arrancamento.

Todas as considerações relatadas se tornam válidas apenas na hipótese de que o concreto preparado e lançado, devidamente adensado e posteriormente curado, para que as propriedades da aderência consideradas possam ser alcançadas em seu maior potencial.

7.4 Influência da Aderência entre Aço e o Concreto na Formação das Rótulas

Quando avaliada a aderência na capacidade de rotação deve ser lembrado que o número de fatores de influência deve ser considerado em conjunto, tanto as propriedades dos materiais quanto das propriedades da geometria da seção. Os resultados dos ensaios mostram que a medição de valores de rotação plástica é função da altura efetiva da zona de compressão $\xi = x/d$. Mostram que elementos armados com barras lisas desenvolvem maior rotação plástica que os correspondentes com barras de alta aderência. Isto é claramente o efeito do aumento do comprimento de ancoragem nos casos de baixa aderência, ou seja, o aumento do comprimento da barra na zona vizinha às fissuras alcança a faixa de pós-escoamento. Entretanto, antes que conclusões sejam admitidas é importante lembrar que a abertura de fissuras solitárias é somente um dos elementos dependentes da aderência, contribuído para uma capacidade de deformação específica das rótulas plásticas. Deve ser observado também o espaçamento das fissuras e o número de fissuras que são desenvolvidas na região da rótula, sendo um fator de elevada importância nesse tema a tensão de aderência (também dependente das características das barras). A aderência mecânica que ocorre por malha de barras transversais ou armadura transversal simplesmente gera fissuração, podendo influenciar fortemente a desenvolvimento de fraturas e mudanças na capacidade de deformação do elemento estrutural.

Observa-se que as fissuras dependem também do detalhamento das armaduras, ou seja, número de barras, diâmetro das barras e geometria da seção. Admite-se que quando definida a efetiva zona de tração do concreto em torno da armadura, considerando uma distribuição de tensões normal e não uniforme pelas forças de aderência na seção do concreto, podemos calcular o espaçamento médio das fissuras (ver figura 33). Em condições constantes de contribuição da aderência é geralmente esperado um aumento para o caso de barras finas, quando comparado a barras de maior diâmetro, devido a uma maior relação entre a circunferência e a área da seção transversal das barras. Entretanto, esta tendência pode ser revertida se fraturas tipo "*splitting*" longitudinais ocorrem como pode acontecer em ensaios com a espessura de cobrimento constante e aumento do diâmetro das barras (devido à redução da razão entre cobrimento e diâmetro das barras).

Embora um acréscimo do número de barras combine com uma redução do diâmetro das barras, é comum aumentar o efeito da aderência para um estágio inicial de carregamento. Para estágios mais avançados uma menor tensão de aderência pode ser acionada gerando assim um precoce estado de fissuras (*splitting*), que pode ser esperado se um efetivo confinamento de barras é menor que o caso de poucas barras com maior diâmetro. Como consequência da redução do efetivo confinamento, os efeitos das tensões de confinamento tendem a diminuir, resultando em um acréscimo da capacidade de rotação.

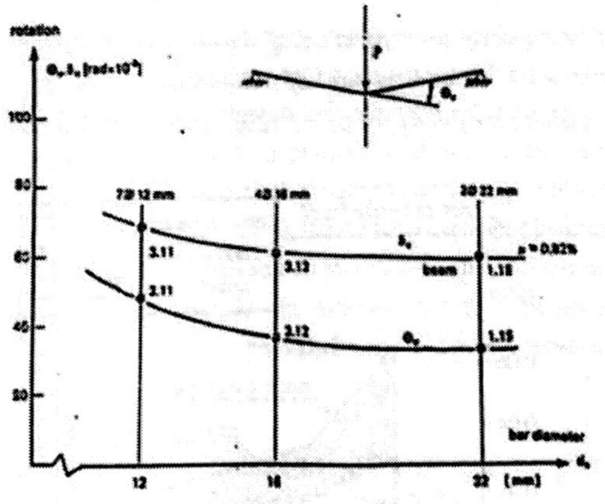

Figura 33: Rotação (total e plástica) como função do número de barras e diâmetro. Considerada uma taxa de armação de 0,8% e cobrimento equivalente ao diâmetro de uma barra (EIFLER, PLAUK, 1974 *apud* CEB 1998).

Os resultados de ensaios mostram o efeito da distribuição das armaduras na capacidade de deformação disponível dos elementos estruturais, que avança diretamente para os problemas de escala dos membros de concreto armado. Muitos dos dados disponíveis na literatura são originados em ensaios com elementos de pequenas dimensões. Esses resultados são usados para definir regras para projetos e eles são frequentemente aplicados a elementos de muito maiores dimensões. Ensaios mostram que a capacidade de rotação decresce com o aumento do tamanho dos membros tanto nos elementos que falham devido à ruptura do aço (ρ_s = 0,28%) ou com a ruptura do concreto (ρ_s = 1,12%).

A capacidade de rotação é reduzida sempre que a altura efetiva cresce, devido ao ganho de rigidez, como também nos elementos que rompem pelo concreto em relação aos que rompem o aço.

A influência da distribuição das armaduras na seção é muito importante na engenharia prática.

Vários resultados de ensaios indicam, entre eles, os apresentados por Somes em 1966 (*apud* CEB 1998), que estribos com maior afastamento (acima de 150 mm) não influenciam no momento resistente de um elemento de concreto (sendo equivalente a vigas sem estribos), entretanto, estribos com espaçamento inferior a 75mm, podem gerar ganhos da ordem de 5% e espaçados a 38 mm, ganhos acima de 10%. Este é um efeito do confinamento do concreto na capacidade de rotação das rótulas plásticas. Nos casos ensaiados, a falha foi por esmagamento do concreto.

As pesquisas de Somes (1966 *apud* CEB 1998) confirmam que o confinamento da zona comprimida é um método muito eficiente de aumentar a ductilidade nos casos onde a compressão do concreto governa a ruptura do elemento. Quando reduzido o espaçamento entre estribos, confinando a zona de compressão de membros protendidos, ocorre um significativo aumento nas respostas encontradas, em particular, em termos da rotação das rótulas plásticas.

O aumento da deformabilidade e da capacidade de suportar cargas do concreto na zona comprimida está conectado não somente com compressão e armaduras de confinamento, mas com as propriedades do concreto em si. Com o aumento das resistências dos concretos, a forma característica dos diagramas tensão x deformação muda: para concretos de mais alta resistência, a deformação específica equivalente ao pico de tensões é reduzida e a perna ascendente do diagrama tensão *versus* deformação específica torna-se mais íngreme. Ou seja, ocorre um acréscimo no módulo de elasticidade do concreto. As rupturas no concreto de alta resistência são mais frágeis que as do concreto normal.

7.5 Importância da Adequada Qualidade do Aço Estrutural

A qualidade do aço, sob diversos aspectos, é fundamental para que todo o comportamento da estrutura ocorra conforme previsto. Não somente a resistência, mas a deformabilidade e a capacidade de dobragem são fundamentais para um adequado comportamento do concreto armado.

No Brasil, os aços tipo CA-50 da classe A, atualmente produzidos e utilizados de forma habitual, atendem às características necessárias à consideração das questões apresentadas na avaliação da capacidade de rotação das rótulas plásticas estruturais. A NBR 7480/23 define que todo aço deve guardar uma relação $\frac{f_u}{f_y} \geq 1{,}1$ bem como, uma deformação na ruptura superior aos 80/1000 (oitenta por mil), podendo atender a 50/1000 como limite mínimo de alongamento sob ação da força máxima, em atendimento às hipóteses utilizadas nas pesquisas mencionadas neste trabalho e consideradas como bases para o CEB-FIP Model Code 1990. Deve ser aqui considerado que muitos aços comercializados por menores preços podem não atender às exigências da norma citada, entretanto, o engenheiro responsável por cada obra deve garantir com a realização de ensaios de caracterização, exigidos pela NBR 7480/23, o atendimento às exigências normativas, por meio de ensaios independentes do fornecedor.

Os limites de comportamento dos aços são baseados nos seguintes itens:

- atender à capacidade mínima de rotação para os casos de análise estática com base na teoria da elasticidade;

- a necessidade de garantia de adequada compatibilidade dos deslocamentos, no caso de análises com modelos de equilíbrio, como o modelo de bielas e tirantes em particular nas zonas de distúrbio (regiões de descontinuidade, por exemplo, vigas altas, nós entre vigas e pilares, e outros conforme apresentado no capítulo 22 da NBR 6118/23);

- justificar e validar projetos simplificados válidos somente com suficiente ductilidade das armaduras (vigas embutidas em lajes, projeto com cargas concentradas, *etc.*);

- necessidade de acomodar deformações impostas devido à retração e fluência do concreto, variação de temperaturas ou recalques de apoios, deformações essas que não são consideradas nos projetos no ELS;

- a necessidade de robustez para casos especiais de impactos localizados e cargas acidentais em geral;

- a segurança nas condições de incêndio.

7.6 Influência da Esbeltez do Elemento Estrutural na Formação das Rótulas

Também deve ser considerado na conexão da influência da geometria dos elementos estruturais na capacidade de rotação o efeito da esbeltez dos elementos. É comum considerar que com o acréscimo da esbeltez a capacidade de deformação do elemento aumentará devido à correspondente mudança no gradiente da linha de momento. Isto elevará a capacidade de rotação na zona do escoamento, na rotação total do elemento e na capacidade de rotação plástica.

A influência da esbeltez na capacidade de rotação tem consequências na variação dos momentos, porque com o aumento da relação de esbeltez o comprimento da rótula plástica aumenta. Este efeito é claramente visível quando o arranjo de cargas nos elementos torna-se variável. Desta análise parece existir um leve aumento na capacidade de rotação com o aumento da largura da placa de carga.

É importante considerar que elementos mais esbeltos permitem melhores níveis de rotação, permitindo uma melhor redistribuição de momentos, por outro lado, exigindo maior cuidado na distribuição/detalhamento das armaduras, de forma a não permitir o esmagamento do concreto e a ruptura brusca. Por outro lado, ainda, a insuficiência de armadura pode resultar em elevado nível de fissuração, com sérios comprometimentos da durabilidade e dos estados limites de utilização da estrutura, embora, sem sério comprometimento da segurança estrutural.

A determinação do adequado limite de esbeltez torna-se uma tarefa de elevada complexidade, uma vez que enquanto uma maior esbeltez permite um funcionamento mais adequado do elemento estrutural, de forma especial as vigas, esta maior esbeltez também pode resultar em um mais elevado estado de abertura de fissuras. Esta aparente incoerência se dá em função da variabilidade dos carregamentos. Não se pode desconsiderar que enquanto em ensaios de laboratório podemos ter precisão absoluta quanto ao carregamento aplicado, nas construções reais a variabilidade e as infinitas possibilidades de carregamento são de difícil previsibilidade.

A estrutura real, precisa ser pensada quanto a todas as possibilidades, entretanto, não é a redução da esbeltez que resolverá o problema do comportamento estrutural, mas certamente o seu excesso comprometerá certamente o bom comportamento e a durabilidade ou mesmo a segurança da estrutura. Desta forma, é possível concluir que a adequada avaliação se torna o segredo a ser desvendado em cada projeto.

7.7 Capacidade das Rótulas

A redistribuição dos momentos admitida pelas normalizações, resulta de uma avaliação da capacidade de rotação necessária e a disponível de uma rótula plástica para desenvolver um mecanismo de colapso em uma estrutura estaticamente indeterminada. Para este objetivo, torna-se necessário um adequado entendimento da rigidez à flexão desenvolvida na estrutura. Se a rigidez ao longo do elemento é conhecida, o vão correspondente e a rotação do apoio podem ser determinados. A partir do critério para o desenvolvimento de um mecanismo de colapso e uma condição de compatibilidade, a rotação necessária a uma rótula pode ser determinada.

Vários resultados experimentais permitem estimar a rotação necessária em uma rótula plástica, conforme figura 34. Macchi (1974 *apud* CEB 1998) concentrou sua pesquisa nas condições de ductilidade de vigas contínuas com seção constante, por representar a maioria dos problemas reais. A capacidade de rotação necessária de uma rótula plástica pode ser definida como uma função da taxa mecânica das armaduras tracionadas e a altura relativa da zona comprimida, além, é claro, do grau de redistribuição dos momentos admitidos em cada caso. Demonstra-se que a rotação plástica é necessária sempre em casos de projetos baseados na análise linear, considerando as seções íntegras. Tem sido proposto, porém, a imposição de um limite para a posição da linha neutra, nas verificações no Estado Limite Último, desse modo $\xi = x/d <= 0{,}45$ seria um bom limite para evitar risco de ruptura frágil (ruptura brusca) devido ao esmagamento do concreto.

A NBR 6118/23 em seu item 14.6.4.3, para elementos lineares, define que a posição da linha neutra não pode ultrapassar 0,45 para concretos com f_{ck} até 50 MPa e 0,35 para valores de f_{ck} acima deste limite. A norma permite alteração destes valores se forem consideradas distribuições de armaduras que gerem confinamento do concreto na região.

Nas hipóteses em que haja redistribuição de momentos, o valor de x/d deverá ser limitado a para concretos de até 50 MPa e para concretos acima de 50 MPa e até 90 MPa. Nestes casos δ representa o coeficiente multiplicador utilizado na redução do momento original, devendo este ser ≥0,90 em estruturas de nós móveis e ≥ 0,75 nos demais casos.

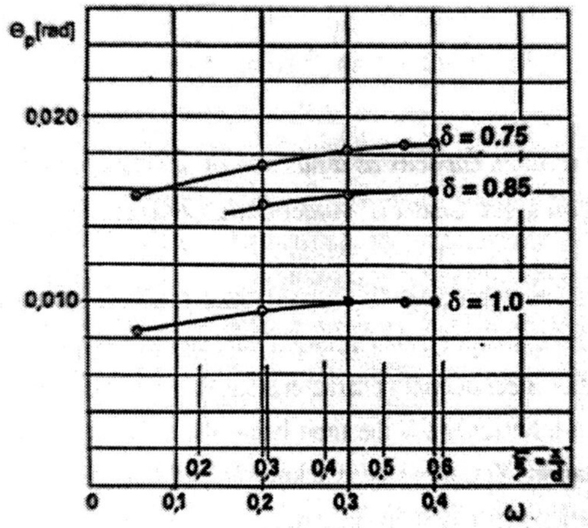

Figura 34: Capacidade de rotação necessária como função da taxa mecânica entre as armaduras de tração (ω) e a altura relativa da zona comprimida no Estado Limite Último (MACCHI, 1974 – *apud* CEB 1998).

O texto normativo ainda permite desconsiderar a análise plástica, caso os limites de x/d<0,25 para os concretos até 50 MPa e 0,15 para valores acima.

Em seu item 14.5.4.4 a norma informa procedimentos para a determinação do ângulo de rotação plástica solicitante, a partir dos momentos e força cortante numa determinada seção e na posição da linha neutra, x/d.

Em estruturas de placas, como é o caso das lajes, a norma admite em seu item 14.7.3.2, os mesmos limites para x/d desde que $\delta \geq 0{,}75$.

Os resultados de ensaios mostram que a capacidade de rotação das rótulas plásticas cresce com o aumento da redistribuição dos momentos. Muitos projetos têm sido elaborados com redistribuição de até 25% dos momentos negativos. Entretanto, nesta análise a rigidez dos elementos nas seções críticas é baseada em seções totalmente fissuradas, por isso, sendo negligenciada a influência do crescimento da rigidez devido à contribuição do concreto entre as fissuras (rigidez tensional). Esta é uma previsão irreal, especialmente para baixas taxas de armação, tendo em vista que a ocorrência de fissuras sempre compromete o aspecto visual (ELS) e a durabilidade dos elementos estruturais, devendo estes limites serem utilizados com muito cuidado e consciência por projetistas mais experientes.

Os resultados de pesquisas mais recentes, embora com cerca de 30 anos decorridos, realizadas por Cosenza, Greco, Pecce (1991) e Mazzolani, Pecce (1992) têm estudado as fraturas em membros de concreto armado usando métodos baseados nos efeitos da rigidez à flexão. A rotação plástica necessária tem sido obtida como uma função da altura relativa da zona comprimida $\xi = x/d$. Os experimentos têm mostrado uma avaliação superestimada para as rotações para os casos de baixos valores de ξ, quando é adotada a hipótese de fratura completa, sendo desprezada a consideração da rigidez tensional. Para valores de ξ crescentes, os modelos mostram um considerável crescimento para as rotações efetivas.

Com os resultados das pesquisas mencionadas foram avaliadas a influências de diversos parâmetros associados às rotações plásticas, separados em três grandes grupos:

- parâmetros associados à resistência dos materiais;
- parâmetros associados à geometria das seções;
- parâmetros associados com caracterização da estrutura global.

As rotações plásticas mais altas são demandadas quando são usados concretos de alta resistência, mesmo nos casos em que a capacidade de carga dos projetos é alcançada com seções menores e mais flexíveis.

A influência da resistência do concreto é relativamente fraca, mas a influência da tensão de escoamento do aço é muito mais significativa, pois um acréscimo de 250% na resistência do concreto tem o mesmo efeito na rotação demandada que uma elevação de 15% na tensão de escoamento do aço.

A altura relativa da zona comprimida, ξ, leva em consideração uma dependência das características da seção (relação entre as armações tracionadas e comprimidas e forma da seção), bem como, as características dos materiais.

A capacidade de rotação requerida aumenta com o aumento de ξ se o grau de redistribuição, características dos materiais e características globais são mantidas constantes.

Sobre os carregamentos, as cargas uniformemente distribuídas são mais desfavoráveis, exigindo valores mais conservadores de rotação plástica necessária quando comparado com cargas concentradas.

Conclui-se que a rotação plástica necessária é diretamente proporcional à relação de esbeltez dos elementos (figura 35). Assim, a rotação plástica requerida é proporcional à redistribuição dos momentos $(1 - \delta)$, se um sistema estático e esbeltez dos elementos são mantidos constantes.

De forma geral, uma quantidade considerável de rotação é necessária para tender às condições de compatibilidade da estrutura.

As discussões aqui apresentadas têm como função principal o entendimento dos mecanismos do efetivo comportamento das estruturas, de forma geral, quanto à forma como os momentos caminham na estrutura sob a ação das solicitações necessárias, gerando deformações e fissurações que devem ser entendidas e adequadamente avaliadas. Estas deformações e eventuais fissurações podem indicar situações de comprometimento de integridade e segurança, entretanto, em todos os casos influenciam de forma significativa as questões de durabilidade das estruturas.

Essas discussões têm como função principal o entendimento dos mecanismos do efetivo comportamento das estruturas, de forma geral, quanto à forma como os momentos caminham na estrutura sob a ação das solicitações necessárias, gerando deformações específicas e fissurações que devem ser entendidas e adequadamente avaliadas. Estas deformações específicas e eventuais fissurações podem indicar situações de comprometimento de integridade e segurança, entretanto, em todos os casos influenciam de forma significativa as questões de durabilidade das estruturas.

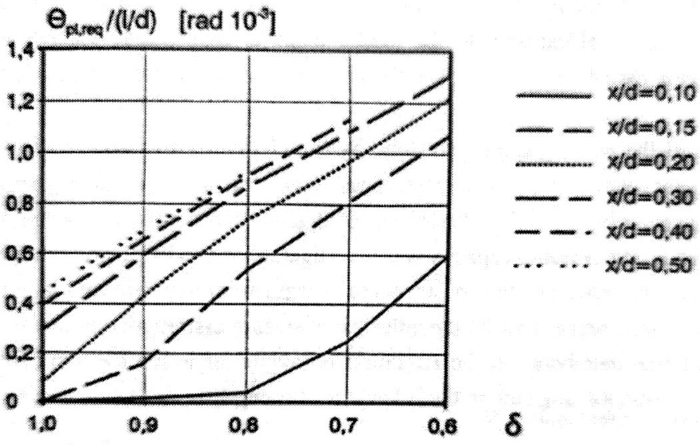

Figura 35: Rotação plástica necessária para uma viga contínua com vários vãos iguais, com esbeltez l/d, sob carga uniformemente distribuída. (ELIGEHAUSEN, FABRITIUS, 1993).

7.8 Influências das Armações em Excesso

As principais características do aço que devem ser conhecidas são a tensão de ruptura, de escoamento, a razão entre elas $\frac{f_t}{f_y}$ e a deformação específica última no pico do carregamento ε_{su}.

Este tema desperta interesse em função de que, enquanto a distribuição de força ao longo do elemento é calculada assumindo um momento nominal ou de projeto, na seção mais tensionada, a capacidade de flexão real na rótula plástica é significativamente mais alta que a considerada, causando uma diferente distribuição de forças no Estado Limite Último que a assumida no projeto.

Várias pesquisas foram desenvolvidas com o objetivo de esclarecer como uma capacidade de suporte de momentos na rótula plástica devido ao uso de muita armação pode influenciar a distribuição dos momentos de flexão e do comportamento da estrutura em geral.

Das análises é possível encontrar conclusões que indicam que, sob mesma capacidade das rótulas plásticas, a superarmação é favorável na capacidade final de carregamento. Isto é, devido ao fato que, na existência de maior quantidade de aço, a formação da rótula do vão ocorre para cargas maiores do que as previstas em projeto.

Para armações com alta capacidade de suporte ao escoamento, a rotação plástica requerida para atender às cargas de projeto é menor que para armações com resistência ao escoamento de acordo com os valores nominais. Por este motivo menor redistribuição de momentos é requerida, em relação aos valores de projeto, a fim de alcançar o equilíbrio das cargas de projeto. Nesta direção, menor ductilidade da armação pode ser equilibrada por uma maior quantidade de armação do que aquela obtida no projeto.

Observa-se que aços com limites de escoamento muito acima do nominal não têm restrição normativa de uso, de forma que o controle de qualidade exigido pela NBR 7480/23 é indispensável na avaliação do comportamento das estruturas. Isto significa, na prática, que aços com resistências muito acima dos valores nominais impedem a formação das rótulas no momento previsto pelo projeto, sobrecarregando o concreto de forma indesejável.

Uma maior quantidade de taxa de armação, em relação ao valor calculado, não irá melhorar as deformações específicas de um elemento, de forma especial, pelo fato de que apesar de uma quantidade maior de armadura que a necessária, eventualmente aumentar a capacidade de suporte das cargas, a mesma não afetará ductilidade do elemento, da mesma forma que isto afetará a redistribuição de momentos, que deixará de acontecer conforme eventualmente previsto nas condições do projeto.

Com o aumento da quantidade de aço no vão, a área de momentos negativos é ampliada, comprometendo a zona de ancoragem das armações negativas, eventualmente escalonadas. Desta forma, a experimentação recomenda que as armaduras negativas escalonadas sejam ancoradas com comprimento maior que d, não se limitando aos comprimentos necessários recomendados nos regulamentos.

A ancoragem recomendada pela norma brasileira, indicada no capítulo 8, depende predominantemente da capacidade de ancoragem das barras, devendo, no entanto, ser sempre definida com base em uma avaliação cuidadosa do diagrama de momentos considerando a possibilidade de redistribuição dos momentos, associada diretamente à capacidade de formação das rótulas plásticas.

Nas vigas contínuas a distribuição das forças cortantes não é influenciada de forma significativa pelas superarmações, este não é o caso dos pórticos, que são as estruturas usuais em edifícios. O comportamento dos pórticos pode ser negativamente influenciado pelo excesso de armação, se a redistribuição dos momentos a partir dos nós for considerada no projeto. Se os nós forem superarmados, a redistribuição de momentos eventualmente considerada no projeto não acontecerá, transferindo solicitações não previstas aos pilares, com todas as consequências que podem ser esperadas.

O excesso de armaduras (quantidade superior ao determinado pelo dimensionamento) na maioria das vezes é prejudicial à segurança da estrutura, tendendo a levar o concreto ao seu limite e na sequência à ruptura por compressão, que é representada por armadura brusca, praticamente sem avisos prévios.

Todas as considerações apresentadas devem ser avaliadas com muito cuidado pelo projetista, uma vez que os programas atenderão a configurações gerais, enquanto o comportamento da estrutura depende de decisões pontuais, levando em considerações as características de cada nó, a relação entre a rigidez dos elementos que o constituem, da qualidade do concreto, da quantidade e da forma de distribuição do aço e das solicitações que espera-se que estejam equilibradas. A avaliação do comportamento estrutural pelo projetista é indispensável para o efetivo entendimento da estrutura e para a efetivação de um detalhamento adequado que leve em consideração todas as questões aqui analisadas, entre outras, que possam se tornar indispensáveis em cada situação.

7.9 Grau de Redistribuição dos Momentos

Este tema será dividido em duas partes de grande relevância, sendo primeiramente discutido a importância da redistribuição de momentos quanto aos Estados Limites Últimos e posteriormente quanto aos Estados Limites de Serviço.

7.9.1 Estados Limites Últimos

No Estado Limite Último, três diferentes tipos de resistências são considerados:

- primeiro estado limite de escoamento – correspondendo ao escoamento da primeira seção crítica. Definido a partir da condição em que o valor de projeto das cargas efetivas é menor que a resistência de projeto da estrutura;

- ruptura local da tensão devido aos momentos últimos, considerado em termos das ações efetivas (o valor do momento máximo de projeto deve ser menor que o momento resistente último), ou em termos da rotação plástica (rotação plástica solicitante na seção deve ser menor que a limite, ou máxima possível);

- formação de mecanismo plástico na estrutura, na qual os casos de ruptura podem ser indicados em termos da condição em que o valor máximo das ações de projeto não pode ultrapassar as cargas resistentes de projeto.

Se o valor da capacidade de rotação necessária é obtido com base teórica e a rotação disponível é obtida com base em estudos analíticos ou experimentais, o grau de redistribuição dos momentos permitidos no ELU por ser obtido a partir das condições de segurança. A consideração de dados experimentais ajuda no entendimento do problema.

Um projeto seguro deve assumir redistribuição de momentos a partir da rotação plástica possível na rótula crítica, sendo indispensável a verificação da compatibilidade estrutural, onde essa rotação deve ser menor que o valor admissível. Desta forma, o percentual de redistribuição precisa ser limitado de forma a garantir a segurança das estruturas. Mesmo nos casos em que seja considerada uma análise linear sem redistribuição de momentos, deve ser prevista a possibilidade da rotação gerada pelo estado de fissuração do elemento estrutural.

Alguns estudos apresentam propostas de limites de plastificações, ou seja, das redistribuições de momentos, indispensáveis, como visto, mas de elaboração que exige cuidado e bastante critério na tomada de decisões para cada elemento de uma estrutura. Os valores de $\xi = x/d$, são determinados de acordo com os modelos conhecidos e apresentados na NBR 6118/23 utilizando valores compatíveis com as propriedades dos materiais concreto e aço, formando um diagrama tensão deformação do tipo parábola-retângulo, onde a deformação máxima do concreto à compressão é de 3,5/1000 e um diagrama tensão deformação bilinear para o aço, onde são admitidas deformações máximas de 10/1000. Considerando o aço CA-50 classe A, utilizado no Brasil, segundo a proposta de Eligehausen e Fabritius (1993), um limite do grau de redistribuição seria dado pela equação:

$$\delta = 0{,}6 + x/d \geq 0{,}8$$

Esta mesma pesquisa ainda correlaciona a capacidade de redistribuição dos momentos diretamente à esbeltez do elemento, sendo recomendado adotar $\delta = 1$ (sem redistribuição) para l/d = 14 e $\delta = 0{,}6$ (redistribuição de 40% do momento) para l/d = 27.

A NBR 6118/23 em seu capítulo 14, como mostrado, limita em 0,9 para estruturas de nós móveis e 0,75 para os demais casos, sendo estes limites independentes dos vãos e da rigidez relativa destes, fato que em várias situações é responsável pelo mau comportamento da estrutura, uma vez que, conforme demonstrado acima, em casos de $l/d \leq 14$, não deveria haver redistribuição, devido à elevada rigidez do elemento estrutural. Embora o limite indicado seja obtido em experimentos em laboratório, a sua importância deveria ser considerada nos textos normativos, evitando que os programas considerem plastificação excessiva em regiões sem essa capacidade efetiva.

De forma complementar em seu item 14.6.4.4 a mesma norma indica processos para obtenção do ângulo de rotação limite em relação ao parâmetro x/d obtido no ELU e a uma relação entre a resistência à compressão do concreto e à classe do aço utilizado, representadas por quatro curvas, sendo duas para o aço CA-50 e outras duas para o CA-60. Cada par de curvas está definido para concretos com f_{ck} até 50 MPa e para concretos com f_{ck} acima de 50 MPa, limitados a 90 MPa. Fica assim mostrado que o modelo adotado pelas normas brasileiras segue as mesmas premissas indicadas nas publicações da FIB.

A figura a seguir apresenta as indicações, devendo ser utilizada sempre que os limites indicados anteriormente causarem dúvidas quanto a sua eficiência, devendo ser sempre lembrado que o gráfico foi construído com a relação a/d = 3, onde $a = M_{Sd} / V_{Sd}$. Caso esta razão seja diferente, os valores obtidos deverão ser corrigidos pela razão

$$\sqrt{(a/d)/3}$$

É importante considerar que a NBR 6118/23 reduziu o coeficiente de aderência do aço CA-60 para o valor de 1,0, fato que deveria afetar a figura que será apresentada a seguir. Entretanto, esta figura continua igual à apresentada na versão anterior quando o coeficiente de aderência do aço CA-60 era 1,4. A variação no coeficiente de aderência afeta o ângulo de rotação, uma vez que, quanto maior a aderência, mais difícil será a rotação íntegra do concreto.

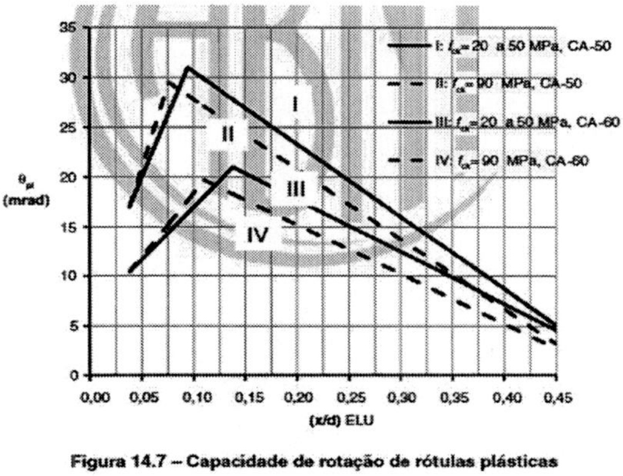

Figura 36: Figura 14.7 da NBR 6118/23 para verificações plásticas.

7.9.2 Estados Limite de Serviços

Como indicado também na norma brasileira, os regulamentos permitem a análise linear, com ou sem redistribuição de momentos, considerando que certas condições mínimas de ductilidade no percentual das armaduras ou na profundidade do eixo neutro sejam satisfeitas. Estas limitações, dependendo das características de ductilidade dos elementos, são baseadas na capacidade de rotação dos elementos no ELU, sem considerar os requisitos da estrutura em condições de serviço. Enquanto no ELS a abertura das fissuras e as deformações (flechas) precisam ser verificadas, as tensões no concreto e no aço não necessitam ser verificadas, desde que o projeto tenha sido realizado conforme as normalizações, incluindo atendimento a armaduras mínimas e satisfeitas as condições de redistribuição de momentos definidos no ELU.

Conforme Gatteso eCohn (1989 – *apud* CEB 1998), esta falta de análise das tensões sob a ação das cargas em serviço pode ser perigosa, justamente devido a efeitos da redistribuição dos momentos. Neste estudo, foram obtidas algumas conclusões apresentadas a seguir:

- quanto maior a relação entre carga acidental e carga total, maior será a redistribuição de momento possível;

- a possível redistribuição dos momentos depende, de forma significativa, da abertura aceitável das fissuras.

A partir do estudo analítico das vigas contínuas (vigas com dois vãos e viga com extremidade engastada), tratando com a influência dos requisitos do Estado Limite sem um possível grau de redistribuição dos momentos, Eligehausen e Fabritius (1995 – *apud* CEB 1998) concluíram que:

- no ELS a diferença entre a distribuição de momentos de acordo com a análise linear elástica ou a real análise não linear é muito pequena, independentemente do grau de redistribuição definido no ELU;

- da afirmativa acima segue que no ELS a abertura de fissuras, as flechas e tensões podem ser calculadas com suficiente precisão a partir da distribuição de momentos de acordo com a teoria da elasticidade;

- contrariamente à abertura das fissuras, as deflexões (flechas) não são muito sensíveis ao grau de redistribuição dos momentos.

Como consequência dos requisitos do ELS (limitação das tensões no concreto e no aço e controle da abertura de fissuras) o limite do grau de distribuição dos momentos pode ser limitado. De acordo com estudos o ELS não governa o projeto e os limites do grau de redistribuição dos momentos atende às considerações do ELU quando esta distribuição é reduzida a 0,8 (para alta relação entre cargas permanentes e cargas totais) e 0,75 (baixa relação entre cargas permanentes e cargas totais).

Estas considerações finais explicam os limites, aparentemente reduzidos, impostos pela NBR 6118/23, demonstrados e discutidos anteriormente.

Para que estas verificações se confirmem, também o aço deve apresentar um conjunto de características, que no vaso do Brasil estão definidas pela NBR 7480/23 e que devem continuamente ser verificadas, de forma especial quando não é conhecida a origem exata do aço a ser utilizado, ou em casos de materiais com desenvolvimento recente, com pouca experimentação laboratorial.

8. Critérios de Robustez

As discussões anteriores nos mostram que todos os motivos de deterioração poderiam ser minimizados se nossas estruturas apresentassem uma mais adequada robustez. Não se trata de se produzir estruturas mais robustas sob a simples ótica de maiores dimensões de forma geral, mas com base em cuidadosa análise do comportamento das estruturas ao se considerar seus efetivos modelos computacionais, determinar os pontos de maiores tensões, adequando a robustez nestes pontos.

Dessa forma é possível definir que a robustez deva ser encarada como um conceito onde uma estrutura robusta é aquela que apresenta adequada capacidade de lidar com as situações mais críticas a que a estrutura pode estar submetida, dentro de adequados padrões de normalidade, apresentando bom comportamento, mesmo nestas condições.

Uma avaliação das estruturas antigas mostra que elas sempre foram projetadas com variação de formas, em especial nas zonas dos nós. Estas variações, conhecidas como mísulas, permitiam uma distribuição suave das tensões nas zonas mais críticas, permitindo um comportamento de maior integridade entre as tensões, como se as mesmas pudessem se distribuir de forma mais confortável.

Com o avanço do conhecimento do comportamento das estruturas, e em função da complexidade da execução desses elementos e de sua interferência nas questões arquitetônicas e de espaço, os elementos se tornaram mais retos, ampliando a necessidade da formação e do funcionamento das rótulas plásticas, discutidas no capítulo anterior, de forma que assim surgiram estados de fissuração mais intensos. Na medida em que o concreto ganha resistência, as peças se tornam ainda menores, incrementando ainda mais essas rótulas, que quando não previstas ou não avaliadas de forma adequada, resultam em mau comportamento do concreto com formação de estado de fissuras, e mesmo de deformações mais acentuado, comprometendo a durabilidade, e o conforto dos usuários.

A maioria dos projetistas ainda guarda o raciocínio puramente das cargas verticais, para as quais, efetivamente o avanço da resistência do concreto permite a cada dia a formação de elementos mais leves e econômicos. Entretanto, é por vezes difícil entender que estes elementos, cada vez com menores dimensões, se tornaram vulneráveis a uma maior deformabilidade das estruturas. Esta deformabilidade ocorre, não só na direção vertical, onde atuam as maiores cargas, mas nas direções transversais, seja diretamente por flambagem dos elementos submetidos a tensões mais elevadas, mas seja pelos efeitos, agora mais significativos, provocados pelo vento ou por cargas horizontais que atingem a base dos edifícios ou mesmo seus pontos mais elevados. As cargas horizontais podem ser ocasionadas por sismos, ainda que pequenos, na maioria dos casos, mas também as forças originadas pelas ondas geradas pelo tráfego de veículos, ou operação de equipamentos muitas vezes posicionados nos chamados pavimentos técnicos localizados na parte mais elevada das estruturas.

Quanto mais elevadas são as estruturas, maior é a vulnerabilidade em relação a estas ações horizontais, de natureza dinâmica, provocando alternância de solicitações nos elementos estruturais, não compatíveis com os conceitos elementares da teoria das estruturas. Nestes casos, uma forte análise tridimensional se torna fundamental e para isso estão disponíveis os programas hoje utilizados em quase todos os escritórios de projetos, pelo menos naqueles que produzem projetos para grandes estruturas. Entretanto, como já mencionado, na maioria das vezes estes programas são utilizados sem adequada configuração, seja pela falta de conhecimento ou pela falta de tempo dos profissionais responsáveis. A configuração e análise dos resultados do modelo exigem muito tempo de avaliação e é neste momento que alguns elementos devem ser ajustados em compatibilidade com as envoltórias de solicitações geradas, ajustando de forma adequada a robustez das estruturas, de forma que estas tenham adequado comportamento quando submetidas (fato que ocorre com regularidade) às condições adversas geradas pela combinação entre cargas verticais e horizontais.

Também neste aspecto, o detalhamento cuidadoso e adequado das armaduras dentro dos elementos se torna indispensável. As cargas horizontais dinâmicas provocam alternância continuada nos sinais das solicitações, de forma que o detalhamento convencional de armaduras em vigas e pilares pode se tornar insuficiente, gerando, aparentemente um gasto adicional de armaduras, mas que, ao serem retiradas, permitirão o surgimento de fissuras excessivas e comprometimento do adequado funcionamento e da durabilidade das estruturas.

O estudo das estruturas submetidas a sismos é um excelente referencial para quem se propõe a projetar estruturas de maior esbeltez. Os cuidados com a rigidez transversal que se refletem em uma maior robustez do conjunto, mostram como estas ações horizontais dinâmicas têm elevado potencial de destruição dos elementos estruturais em concreto armado. Entretanto, nestes casos, é também importante observar como pequenos cuidados no detalhamento das armaduras podem evitar danos significativos, detalhes estes, que trazidos à realidade brasileira, poderiam melhorar em muito o comportamento das estruturas de edifícios mais elevados.

Ou seja, não é difícil concluir que, com o advento do conhecimento dos materiais e técnica de projeto, além das ferramentas computacionais que nos permitiram projetos mais arrojados, geramos economia, estruturas mais esbeltas, entretanto, por outro lado, devido à má utilização destes recursos, obtivemos perda de integridade e durabilidade, comprometendo, em muitos casos, a segurança das estruturas.

É possível entender que os critérios normativos e de projeto, salvo algumas exceções, nos permitem obter estruturas bastante seguras e duráveis, quando bem projetadas e executadas, ou seja, quando a execução preserva e atende aos critérios definidos pelos projetos. Entretanto, alguns cuidados adicionais de detalhamento já deveriam constar em nossos textos normativos, de forma especial nas normas de vento e sismos, que se preocupam quase que exclusivamente com métodos de análise, mas não apresentam mínimas recomendações executivas que poderiam ter grandes efeitos na minimização dos problemas potenciais.

O conceito de um bom projeto é bastante complexo e envolve um entendimento adequado de toda a conceituação do comportamento estrutural, das características dos materiais envolvidos e, sempre ter foco em uma maior facilidade executiva, por meio de cuidados com o detalhamento das armaduras e uma quantidade adequada de desenhos, que não deixe margem a dúvidas na execução. Tudo isto, no entanto, perde completamente o valor se a preocupação com o adequado comportamento estrutural e sua durabilidade não são considerados de forma efetiva.

O detalhamento das armaduras é uma etapa de fundamental importância na elaboração de um bom projeto, como já foi discutido anteriormente, e como ainda o será no capítulo próximo, exigindo conhecimento conceitual, conhecimento dos critérios normativos, conhecimento prático, experiência e uma boa intuição/sensibilidade estrutural por parte do projetista, conjunto de requisitos que torna essa atividade quase uma arte, fator que dificulta tremendamente a obtenção de um bom detalhamento por meio de conjunto de procedimentos programados em computadores.

Como foi visto, de forma especial no capítulo anterior, o entendimento da rigidez que envolve cada ligação, associado à capacidade de formação das rótulas plásticas em todos os elementos, leva a projetos com comportamento adequado, mas, sobretudo, projetos que irão apresentar adequada robustez nos pontos onde esta característica se faz necessária e estruturas de grande esbeltez, onde a robustez apresentar menor importância.

A cada revisão as normas técnicas apresentam novas exigências e recomendações visando minimizar as possibilidades de elaboração de projetos sem adequada qualidade, entretanto, e apesar de tudo isto, temos resultados bastante desastrosos em grande parte das construções.

Exatamente por este motivo, muitos critérios necessitam ser repensados, em associação ao avanço no conhecimento das teorias que envolvem o material concreto armado, além do avanço das características de cada um dos materiais componentes, que tornam muitas vezes obsoletos conhecimentos definidos para características dos materiais que fazem parte do passado.

Os grandes vãos têm sido fonte continuada de problemas em função das deformações diferidas, que ocorrem ao longo do tempo, na maioria das vezes desprezadas por profissionais que não as conhecem de forma adequada. As soluções em concreto protendido, na maioria das vezes, mesmo quando estabilizadass ascargas verticais, não garante um adequado comportamento quanto às deformações. A falta das vigas, tão importante para a facilidade executiva e sua velocidade, com diretas consequências na redução do custo de construção, é certamente uma das principais fontes de problemas de inadequado comportamento estrutural.

O problema não está no uso da técnica de protensão, mas sim na falta de cuidado de muitos projetistas com as consequências de seus atos. Embora a protensão tenha potencial para controlar as deformações excessivas, isto gera um maior custo, além de muito trabalho por parte do projetista para avaliar todas as possibilidades de combinações de carregamento e cuidar para que todas estejam adequadamente equilibradas sem gerar excessos de deformação.

Assim, deve ser considerado que todo o conjunto de fatos apresentados neste livro tem por objetivo nos levar a uma reflexão onde temos a oportunidade de observar que apesar de termos todas as ferramentas e aparentemente satisfatório conhecimento técnico disponível, as nossas obras não têm sido suficientes para a garantia de adequada durabilidade. Erros conceituais e erros grosseiros resultantes de desconhecimento e da falta clara de atenção com a tarefa de projetar, ou ainda, desprezo efetivo na interpretação de exigências normativas, tanto na elaboração dos projetos estruturais quanto na realização das construções, são realizados continuamente, sem que haja qualquer responsabilização legal, colocando em risco e causando grandes prejuízos os usuários das construções.

Desta forma torna-se determinante que os regulamentos elevem o nível de exigências quanto ao uso de coeficientes de segurança mais rígidos (ver caso apresentado no item 6.2 quanto a questões de ligação das estruturas com suas fundações), com maiores limites quanto às dimensões mínimas, de forma especial nos pilares e elementos de fundação, buscando melhorar o comportamento geral do edifício, evitando que deformações excessivas venham a comprometer a durabilidade, dependendo muitas vezes da rigidez das alvenarias para apresentarem um comportamento satisfatório.

As estruturas que apresentem adequada robustez são indispensáveis se queremos que nossas obras sejam duráveis. Não é possível o avanço de projetos no objetivo de produzir estruturas somente mais econômicas. A economia precisa ser vista pela soma dos custos de execução e manutenção. Quando se menciona a robustez, não se trata de projetar estruturas simplesmente mais pesadas, mas ajustar adequadamente as dimensões dos elementos em conformidade com as solicitações e capacidade dos materiais, fornecendo uma adequada distribuição de tensões dentro da ótica de garantir um adequado comportamento global da estrutura. Da mesma forma que naturalmente, executarmos estruturas cujos materiais apresentem as características definidas nos projetos.

A evolução no conhecimento do material concreto, influenciando continuamente o comportamento do concreto armado, seja com armaduras passivas ou em combinação com as armaduras ativas, é outro fator que precisa continuamente estar sendo monitorado, permitindo que o real comportamento deste material seja considerado durante o dimensionamento, evitando que as deformações lentas e microfissuras venham alterar a rigidez dos elementos, influenciando de forma negativa no comportamento global das estruturas. É fundamental que os profissionais da construção tenham a clara consciência de que não adianta também termos projetos excelentes, se a execução é feita sem cuidado, sem adequado controle de qualidade, mas controle da qualidade técnica.

Do ponto de vista de custo, uma análise do custo das estruturas em proporção à obra, permite observar que trata de um pequeno percentual, que tem diminuído muito em presença de novas tecnologias incorporadas aos sistemas de vedação, de revestimento e às instalações de forma geral. Desta forma, uma pequena elevação do custo das estruturas seria perfeitamente cabível na atual conjuntura, visando uma adequação da vida útil das estruturas em presença de todas as tecnologias incorporadas às construções. Dessa maneira, poderia ser evitado que o foco excessivo em economia continue sendo motivo de comprometimento da integridade e durabilidade das estruturas, e em alguns casos comprometendo mesmo a segurança.

A melhor solução para um melhor comportamento das estruturas de concreto armado está associada ao aumento adequado de sua robustez. Existem discussões hoje defendendo a exigência de um conjunto de medidas adicionais, do tipo daquela adotada pela NBR 6118/14 para as lajes, incluindo maiores dimensões mínimas para todas as peças de concreto armado em balanço, e um maior controle do nível de tensões e de deformações na estrutura, resultando em uma elevação do padrão de durabilidade das construções.

Os pilares mais esbeltos (dimensão menor que 19 cm) passaram a ter seu carregamento majorado por um coeficiente adicional, no objetivo de controlar as tensões no elemento, minimizando eventuais falhas construtivas que poderiam ser fatais em elementos de pequena dimensão.

Este aumento de robustez e de rigidez das estruturas, poderia mesmo resultar em um custo um pouco mais elevado na construção, mas certamente reduziria em muito a ocorrência de tantas patologias que comprometem a integridade das estruturas em um primeiro momento e que, quando não recuperadas de maneira adequada tendem a comprometer a segurança estrutural na etapa seguinte. Estas operações de recuperação ou mesmo as de manutenção intensa, representam um elevado custo que quando somado ao custo inicial da construção resulta em total muito elevado.

Este novo conceito de projeto estrutural, ainda traria como bônus o fato de apresentar um comportamento muito mais confortável em situações críticas que podem agir sobre as estruturas, como choques e impactos, ventos especiais, sismos e incêndio. Nestas situações, denominadas críticas, as estruturas se comportariam de forma melhor, salvando muitas vidas e aumentado em muito a capacidade de aproveitamento destas estruturas após a passagem dos problemas, fato que hoje, em função da elevada esbeltez das estruturas, resulta em custos tão elevados, que em muitos casos, torna a recuperação estrutural inviável.

O próprio comportamento das estruturas de concreto armado pune exageros. Como discutido no capítulo 7, vigas e lajes com excesso de armação são menos seguras que as peças com insuficiência de armaduras. Vimos também que em excesso de rigidez, em muitos casos dificulta a redistribuição natural de momentos, provocando comportamento inadequado das estruturas nos nós e em outras regiões onde a formação das rótulas plásticas ameniza a ação de momentos.

9. Recomendações aos Novos Projetos de Estruturas de Concreto Armado

A regular queda na qualidade do comportamento das estruturas, constatada por meio da avaliação de inúmeras estruturas de concreto armado e protendido e significativa relação entre esses danos e seus projetos originais, na maioria edifícios de vários pavimentos e mesmo, em outros tipos de estruturas, como galpões e pontes, é possível concluir que muitos cuidados estão deixando de ser considerados na elaboração destes projetos. Apesar de parte considerável dos problemas constatados estarem associados claramente à falta de qualidade executiva, fica muito clara a falta de cuidados com a estabilidade global dos edifícios, com a falta de cuidado nos detalhamentos, demonstrando claramente a falta de atenção em especial no detalhamento dos nós, seja entre lajes e pilares ou entre vigas e pilares e também, da não consideração da importância da uniformidade das tensões que deixam de ser incluídas nas envoltórias em função de erros elementares na ligação das estruturas com suas fundações.

Entre os diversos problemas observados em projetos estruturais analisados, é muito comum a observação de pilares passarem pelos pavimentos de garagem nos pavimentos inferiores com dimensões muito reduzidas, visando melhor aproveitamento das vagas. Em muitos destes casos, a pequena dimensão em uma direção resulta na falta de adequada rigidez, que deixa de ser compensada por sistemas mais rígidos de pilares, parede que resultem em coeficientes , definido na NBR 6118/23, mais apropriados ao comportamento global das estruturas. Da mesma forma, em muitos casos, estes pilares de excessiva esbeltez não atendem solicitações definidas pela NBR 6120/19 que recomenda a consideração de cargas horizontais nos pilares em pavimentos com trânsito de veículos.

A ocorrência de valores mais elevados de leva a uma deformabilidade do conjunto estrutural que resulta habitualmente em deformações muito superiores aos limites que a norma de projetos impõe em seu capítulo 13, quando a questão da estabilidade global deixa simplesmente de ser observada e considerada.

O problema não está somente em não haver atendimento à recomendação normativa, mas sim, porque ao apresentar elevada flexibilidade, a estrutura transfere tensões excessivas às paredes que ao longo do tempo vão tendo fraturas continuadas, perdendo a sua integridade. Este problema, inicialmente permite a ocorrência de infiltrações (que comprometem a habitabilidade dos ambientes) e desplacamento dos revestimentos (em especial, os cerâmicos). Na continuidade, a tendência de quebra integral das paredes, aumentando os problemas iniciais e resultando na efetiva ruína de paredes da construção.

Com a perda continuada da rigidez fornecida pelas paredes, as respostas a cargas dinâmicas tendem a ser amplificadas, à medida que a rigidez da construção é reduzida a cada dia. Além dos problemas das paredes, os elementos estruturais, de forma especial os pilares, tendem a ter rompimentos localizados por esmagamento do concreto devido a deformações excessivas das vigas, ocorrendo fissuração de nós que por sua vez transferem momentos para os vãos centrais, aumentando a pressão nas paredes de alvenaria, naturalmente não construídas nem projetadas para estas ações, tornando o processo de perda de rigidez autoalimentado.

Esta sequência de considerações inadequadas, ou falta de adequada consideração, dá início a processos de corrosão de elevada gravidade, elevando o comprometimento da integridade ao comprometimento da segurança, se medidas efetivas e adequadas, todas de elevado custo, não forem tomadas em tempo hábil.

Conforme observado em diversas estruturas, estes procedimentos ocorrem dentro dos 10 primeiros anos de vida útil, tendo início muitas vezes antes da entrega efetiva da obra e são dependentes da ação mais direta do vento ou de eventuais pequenos sismos ou eventos com consequências similares (tráfego intenso ou outras fontes de vibração).

Outro tema discutido que passa pelo mesmo processo, ou seja, devido à distribuição inadequada das armaduras no interior dos elementos, quando em muitos casos as recomendações normativas em geral são totalmente desprezadas, ocorre o surgimento de fissuras em vários pontos, que permitem em um primeiro momento redistribuição de momentos em grau superior ao previsto pelo projeto ocasionando o surgimento de novas rótulas e uma movimentação da estrutura acima dos limites definidos pelos ELS, quanto à fissuração, abertura de fissuras e respostas inadequadas a vibrações.

Com base nas considerações apresentadas e discutidas no presente trabalho, a definição da capacidade de rotação das rótulas plásticas nas zonas de interface entre vigas/lajes e seus apoios, deve ser interpretada como a diferença entre a rotação total da rótula para o momento máximo e aquela relacionada ao início do escoamento da armação. Este fato resulta na não consideração da parte descendente do diagrama momento x rotação.

Isto ocorre de forma especial porque esta parte descendente do diagrama é muito dependente de características desconhecidas do diagrama tensão x deformação específica do aço da armadura, após o pico de tensões. Também influencia a parte final do diagrama tensão x deformação específica do concreto, a fluência do concreto sob cargas duráveis em um nível próximo à capacidade de carga máxima, onde as tensões geradas ultrapassam os limites preconizados, que normalmente, já são elevados em relação aos efeitos diferidos no tempo. Neste caso, a capacidade de suporte pós-pico é usada somente como margem de segurança, em particular como forma de acomodar deformações impostas.

O grau de comprometimento de uma estrutura não depende apenas do seu estado de fissuração, embora este seja de grande importância na avaliação da confiabilidade da estrutura, entretanto, o comportamento da estrutura no que tange às deformações específicas, é, em muitos casos, determinante para a avaliação das condições de integridade e segurança da estrutura de concreto.

Todos estes fatores, além de muitos outros, ocorrem pela falta de avaliação por parte do projetista, de maneira geral, quanto aos resultados apresentados pelos programas, que, embora na maior quantidade das vezes emitem alertas quanto a diversos problemas, em geral não observados, em muitos casos, não tem a capacidade de avaliar o comportamento conjunto da estrutura, resultando assim no grande número de problemas observados durante a revisão dos projetos por profissionais de maior experiência.

Os inúmeros problemas que vêm sendo encontrados numa quantidade expressiva e crescente de projetos estruturais resultam, de forma especial, da falta de sensibilidade no detalhamento das armaduras, quanto a comportamentos não previstos nos modelos computacionais, como a rigidez fornecida pelas paredes, variável ao longo do tempo, pela sequência executiva que em muitas situações provoca esforços acima do previsto (caso especial das vigas de primeiro pavimento tipo, quando sobre pilotis, ou semelhante). Estes comportamentos, que efetivamente não podem ser programados, resultam em inadequado comportamento, em função de todas as situações descritas, que comprometem de forma significativa o comportamento previsto, alterando mesmo a distribuição de cargas em pilares e fundações.

Na sequência será apresentada uma lista dos principais pontos ou cuidados que devem ser tomados pelos projetistas, com o objetivo de minimizar os problemas que vêm causando forte comprometimento de integridade e, em muitos casos, de segurança, em estruturas com pouca idade de utilização.

1. Consideração das efetivas condições de ligação entre a estrutura e as fundações – Interação solo-estrutura. Esta questão consiste em substituir os engastes das fundações por molas, cuja rigidez deve ser definida a partir de sondagens e do conhecimento do comportamento do solo quando sob elevadas solicitações.

2. Antes de efetivar o lançamento da estrutura, procurar entender a arquitetura em todos os seus detalhes e observar a melhor distri-

buição de pilares que possa atender à arquitetura, mas que não venha provocar uma estrutura não uniforme. O objetivo deve ser encontrar uma estrutura que funcione da maneira mais uniforme possível.

3. Também antes de lançar a estrutura no computador, cuidar das configurações, elas devem ser específicas para cada projeto. Ainda que semelhantes em muitos casos merecem ser revistas, ajustando todas que sejam necessárias. Configurações inadequadas podem gerar resultados com grandes diferenças, e com grandes consequências negativas para a estrutura.

4. Ao aplicar as cargas na estrutura, não se esquecer das cargas horizontais, atentando à aplicação adequada das cargas de vento, observando à efetiva localização da construção, quanto a obstáculos em seu entorno. Sempre avalie a necessidade de uma análise em túnel de vento para a certificação de segurança dos dados a serem utilizados.

5. Considerar a possibilidade de cargas horizontais geradas por equipamentos e nos casos em que for recomendado, observar a introdução das ações relativas aos sismos.

6. No lançamento da estrutura, procurar entender a distribuição das ações, visando um posicionamento de pilares que traga a maior uniformidade possível de cargas para os elementos de fundação. Escolha peças mais robustas nos pontos de maior importância quanto ao comportamento estrutural, encontrando peças mais esbeltas em elementos de comportamento mais previsível, com tensões de menor intensidade.

7. Nos casos de pavimentos tipo sobe pilotis, considerar a possibilidade de transferência de carregamentos pelas alvenarias, situação que sempre ocorrerá.

8. Caracterizar as especificações do concreto conforme a definição de adequada Classe de Agressividade Ambiental. É importante considerar que elementos de fundação, reservatórios e outros, sempre devem ser dimensionados considerando uma CAA mínima III. Quanto ao restante do prédio, procurar entender que, valem mais as colunas de bordo da tabela do capítulo 7 da NBR 6118/23, quanto ao risco de deterioração da estrutura, do que os exemplos – uma estrutura em zona rural com objetivo de armazenagem de fertilizantes, por exemplo, caracteriza uma classe III ou mesmo IV, a depender do tipo de material. Por outro lado, uma obra em um condomínio na área urbana, pode ser definida como classe I, se longe de fontes de carbono e longe do mar ou área industrial.

9. Considerar as condições de vento com base nas características do local de implantação da obra. Lembrar que não somente a velocidade básica, obtida do mapa de isopletas, determinará as solicitações. Construções ou morros, por exemplo, nas proximidades, podem alterar em muito as ações a serem aplicadas nas estruturas. A favor ou contra a segurança.

10. Nas obras em ambientes onde as vibrações geradas pelo trânsito de veículos sejam sentidas na área de implantação, considerar a possibilidade de ocorrência de pequenos sismos. Observar de forma geral a NBR 15421/23.

11. Ao construir o modelo computacional, considerar as ligações entre vigas, entre vigas e pilares e entre as lajes, lembrando que o aplicativo gera soluções padronizadas, inadequadas para a maioria das situações. Nestes casos, não se esquecer da capacidade de formação das rótulas nos elementos de concreto, de forma especial nas ligações entre elementos, que certamente irão ocorrer, fato que deverá ser novamente observado com muito cuidado durante o detalhamento das armaduras.

12. Avaliar as deformações específicas encontradas pelos modelos, elas têm limites que o programa informa por meio de relatórios, que devem ser verificadas individualmente. Esta análise ainda permite observar se o comportamento da estrutura apresenta uma adequada uniformidade de deformações. Picos são indicativos de futuro mau comportamento da estrutura.

13. Avaliar a variação do nível de tensões para cada solicitação num pavimento. A partir destes diagramas, é possível observar comportamentos não uniformes, que certamente causarão mau comportamento na estrutura executada.

14. Avaliar a uniformidade e coerência das cargas nos elementos de fundação. Grandes variações são sinais de estrutura mal concebida.

15. Observar as solicitações nas colunas, vigas e lajes, novamente na busca de uniformidades, na sequência, verificar o detalhamento de cada um dos elementos. Verificar a coerência entre o detalhamento gerado pelo programa e aquele que você produziria, enten-

der o motivo das diferenças e proceder os ajustes necessários para que a estrutura se comporte de forma que possa ser entendida.

16. Proceder complementação do detalhamento. Ajustes em cada peça e inclusão de detalhes efetivamente importantes à adequada execução da obra. Novamente lembrar que nas regiões dos nós certamente ocorrerá a formação de rótulas que provocarão uma redistribuição de momentos que só será considerada pelo modelo se o mesmo tiver estas rótulas bem consideradas nas configurações.

17. Repetir o processo quantas vezes for necessário, até que o modelo lhe satisfaça, ou seja, até que o modelo apresente o comportamento que seu sentimento entende como ideal para aquela estrutura – este comportamento ideal, naturalmente, é individual para cada estrutura, em função das características únicas de cada construção.

18. Quando a estrutura apresentar efetivas possibilidades de instabilidade geradas por cargas dinâmicas, considerar a realização de efetiva análise dinâmica.

19. Não deixar de considerar que em casos especiais, as normas não apresentam restrições ou recomendações suficientes para garantir uma adequada solução dos projetos. As normas refletem o conhecimento generalizado para os problemas habituais e não para os casos especiais, sendo que estes devem ser identificados pelos projetistas a partir de um conhecimento sólido das teorias aplicadas aos projetos estruturais e aos limites de validade dos modelos adotados pelos documentos normativos.

Finalmente, deve ser considerado que o atendimento aos itens selecionados acima, não constituem uma garantia de um bom projeto, mas, certamente, evitará a ocorrência de muitos dos problemas mais comumente observados, tendendo a uma maior probabilidade de que os projetos resultantes proporcionem a construção de estruturas com comportamento mais adequado, tanto do ponto de vista de segurança, quanto aos estados limites de utilização e às adequadas condições de durabilidade.

Deve ainda ser lembrado, que excesso de armaduras nos elementos de concreto armado, na maioria das vezes é fonte de comportamento inadequado, sendo esta escolha o caminho muitas vezes adotado por projetistas que não se sentem absolutamente seguros com todas as variáveis possíveis relacionadas ao comportamento de uma estrutura.

Também o arrojo excessivo, muitas vezes quase imposto por arquitetos e acatado por projetistas estruturais, sem o devido cuidado, conhecimento e experiência, levam as estruturas a comportamentos perigosos, com risco elevado de formação de rótulas inesperadas, que podem resultar em fissurações com comprometimento da durabilidade ou mesmo provocar a ocorrência de acidentes de graves consequências.

10. Considerações Finais

Observa-se ao longo de tantas questões analisadas que a execução de um projeto estrutural é uma tarefa de grande complexidade, necessitando o envolvimento de uma gama significativa de conhecimento e experiência por parte dos profissionais envolvidos. Não existem manuais claros de como projetar uma estrutura, mas sim, uma imensa quantidade de parâmetros a serem lembrados, normas técnicas, regulamentos, conhecimento do comportamento dos materiais, entendimento do comportamento das estruturas a partir dos modelos convencionais de dimensionamento, questões da resistência dos materiais, integração solo x estrutura, além da questão de projetista lidar com um imenso conjunto de informações que devem ser entendidas, avaliadas e que, no conjunto geral, irão gerar um projeto como consequência de todos esses conhecimentos e entendimentos.

Não é possível, no entanto, esquecer que, o projeto elaborado com todas as bases de conhecimento, além de muitas exigências arquitetônicas e de instalações, deverá resultar em uma construção que atenda todas as prerrogativas e exigências, sobretudo da física, quanto à sua estabilidade, comportamento em uso e durabilidade.

Este projeto, a ser transformado em uma obra, precisa conter em seu bojo, além de todas as questões técnicas mencionadas, todo um conjunto de informações que permita que a mão de obra consiga produzir uma obra em conformidade com aquilo que foi pensado, com todos os cálculos realizados e que se comporte conforme o entendimento do projetista. Naturalmente, todas essas informações deverão estar contidas nos desenhos do projeto, incluindo todo um conjunto de detalhes e informações indispensáveis à execução da obra, que serão efetivamente enviadas à obra por meio de um conjunto de desenhos claros e completos.

Hoje temos programas com capacidade de processar infinitas informações e auxiliar em todas as tarefas aqui mencionadas, entretanto, para que os programas possam efetivamente produzir resultados que nos auxiliem, precisamos informar ao computador todos os parâmetros a serem considerados.

Neste instante, surge um novo problema, a quantidade de parâmetros que serão necessários para descrever as características de cada projeto, associado às informações específicas que queremos que sejam consideradas nas análises daquele projeto. Este problema, efetivamente não é pequeno e em muitos casos acaba se tornando mais uma das inúmeras fontes de problemas na elaboração dos projetos. Muitos projetistas entendem que estas características podem ser colocadas em uma lista constante (muito conhecida como *"default"*) válida para todos os projetos. Infelizmente, poucos parâmetros podem ser considerados fixos para todos os projetos. A grande maioria, que constitui a configuração do programa, específica para cada projeto, precisa ser colocada no computador, trabalho cansativo, que exige muito conhecimento e muita atenção, daí como consequência toma muito tempo do projetista, mas que, precisa ser efetivada por quem está pensando o projeto, por quem sabe o que espera de cada projeto.

Uma adequada definição das configurações exige um conhecimento e entendimento claro do projeto a ser executado, exige conhecimento e entendimento claro dos conceitos e modelos de projeto que serão utilizados, exige conhecimento das características dos materiais que serão utilizados no projeto, exige conhecimento e entendimento claro de cada uma das normas que serão consideradas na execução do projeto, em geral, no mínimo as seguintes: NBR 6120/19, NBR 6118/23, NBR 6122/21, NBR 12655/21, NBR 7480/23, NBR 7483/21, NBR 6123/23, NBR 15421/23, NBR 14931/23, NBR 15575-1/21, 15575-2/13 e 15696/09, naturalmente, todas sempre em suas versões atualizadas, que devem ser de domínio do projetista.

A grande exigência de conhecimentos é o motivo pelo qual a maioria dos engenheiros não quer trabalhar nessa área, certamente é muita coisa a conhecer, muita coisa a dominar, além do que, são conhecimentos que se atualizam continuamente, exigindo estudo constante a aprofundamento regular, uma vez que a engenharia estrutural exige considerável tempo para ser adequadamente absorvida pelos profissionais que a ela de dedicam de forma séria. O desenvolvimento de bons projetos requer um entendimento profundo, associado à experiência, que em muitos casos são chamados de sensibilidade do projetista, onde em muitos casos, o projetista precisa prever muitas situações de complexa, para não dizer impossível, modelagem computacional.

Referências Bibliográficas

Associação Brasileira de Normas Técnicas (ABNT) – NBR 6118. **Projeto de Estruturas de Concreto – procedimentos**. Rio de Janeiro: ABNT, 2023.

______ NBR 6118. **Projeto de Estruturas de Concreto – procedimentos**. Rio de Janeiro: ABNT, 2014.

______ NBR 6118. **Projeto de Estruturas de Concreto – procedimentos**. Rio de Janeiro: ABNT, 2003.

______ NBR 6118. **Projeto e Execução de Estruturas de Concreto Armado – procedimentos**. Rio de Janeiro: ABNT, 1978.

______ NB-1. **Projeto e Execução de Estruturas de Concreto Armado – procedimentos**. Rio de Janeiro: ABNT, 1960.

______ NB-1. **Projeto e Execução de Estruturas de Concreto Armado – procedimentos**. Rio de Janeiro: ABNT, 1940.

______ NBR 6120. **Ações para o cálculo de Estruturas de Edificações -** Rio de Janeiro: ABNT, 2019

______ NBR 6122. **Projeto e Execução de Fundações**. Rio de Janeiro: ABNT, 2021.

______ NBR 6123. **Forças devidas ao vento em edificações.** Rio de Janeiro: ABNT, 2023.

______ NBR 7480/23. **Aço destinado às armaduras para estruturas de Concreto Armado - Requisitos.** Rio de Janeiro: ABNT, 2022.

______ NBR 7483. **Cordoalha de aço para estrutura de concreto protendido - Especificações**. Rio de Janeiro: ABNT, 2021.

______ NBR 8800. **Projeto de Estruturas de Aço e de Estruturas Mistas de Aço e Concreto de Edifícios.** Rio de Janeiro: ABNT, 2008.

______ NBR 9062. **Projeto e execução de estruturas de Concreto Pré-Moldado**. Rio de Janeiro: ABNT, 2017.

______ NBR 12655. **Concreto de Cimento Portland: Preparo, Controle, Recebimento e Aceitação**. Rio de Janeiro: ABNT, 2021.

______ NBR 14931. **Execução de Estruturas de Concreto – procedimentos**. Rio de Janeiro: ABNT, 2023.

______ NBR 15421. **Projeto de Estruturas Resistêntes a Sismos**. Rio de Janeiro: ABNT, 2023.

______ NBR 15575-1. **Edificações Residenciais – Desempenho – Parte 1: Requisitos gerais**. Rio de Janeiro: ABNT, 2024.

______ NBR 15575-2. **Edificações Residenciais - Desempenho – Parte 2 –Requisitos para os sistemas estruturais**. Rio de Janeiro: ABNT, 2013.

______ NBR 15696. **Formas e Escoramentos para Estruturas de Concreto – Projeto, Dimensionamento e Procedimentos Executivos**. Rio de Janeiro: ABNT, 2009.

Beeby A. DUCTILITY TESTS FOR ASW LTDA, Research Report distributed in the CEB-FIP Task Group 2.2 pp 25, 1994.

CEB – Comité Euro-International du Beton – Bulletin 242 – **Ductility of Reinforced Concrete Structures** – Synthesis Report and Individual Contributions. Stuttgart, 1998.

COHN M. Z. **Inelasticity of Reinforced Concrete and Structural Standards**, ASCE Jornal of Structural Division, Vol.105, n. ST-11 pp 2221-2241, EUA, 1979.

COSENZA, E., GRECCO C., PECCE M. **Nonlinear Design of Reinforced Concrete Continuous Beams,** Structural Enginnering International, (IABSE) n. 1/91, pp19-27 – 1991.

ELIGHAUSEN R., FABRITIUS, E. – **Tests on Continuous Slabs Reinforced with Welded Wire Mesh –** CEB Bulletin D'Information 218, Comité Euro-International du Béton, Lausanne, 1993.

MC-90 CEB-FIP – Model Code (Final draft), 1993.

MAZZOLANI S., PECCE M. **Non linear design of reinforced concrete continuous beams: simple formulas for evaluation os required plastic rotations and ductility,** Report presented at CEB Task Group 2.2, Pavia, 1992.

SIVIERO, E. **Rotation capacity of monodimensional members in structural concrete** – CEB Bulletin D'Information 105, Lausanne, 1996.

Curriculum resumido do engenheiro Robson Luiz Gaiofatto:

Engenheiro Civil, UCP, 1984
Mestre em Estruturas (M.Sc.) - COPPE/UFRJ, 1988
Doutor em Estruturas (D.Sc.) - COPPE/UFRJ, 1995
Pós Doutorado em Concretos Especiais – UNICAMP – 2010/2011
Pós graduado em Segurança e Defesa – ESG/UCP - 2011
Pesquisador em Reabilitação de Estruturas de Concreto – FEUP - Porto – Portugal – 2018/2025
Membro da Ordem dos Engenheiros da Região Norte de Portugal
Membro do FIB - Federation Internationale du Beton (Antigo CEB-FIP)
Membro do ACI - American Concrete Institute
Membro do IABSE - International Association for Bridge and Structural Engineering
Membro do IBRACON - Instituto Brasileiro do Concreto
Membro da ABPE – Associação Brasileira de Pontes e Estruturas
Membro do IBAPE-ES – Instituto Brasileiro de Avaliações e Perícias de Engenharia – ES
Membro da ABMS – Associação Brasileira de Mecânica dos Solos
Membro de ASCP – Associação Portuguesa para Segurança e Conservação de Pontes.
Membro da ABECE – Associação Brasileira de Engenharia e Consultoria Estrutural
Membro do CT-802 – Elaboração da NT de Proteção e Recuperação de Estruturas de Concreto
Professor Adjunto da Pontifícia Universidade Católica do Rio de Janeiro (2006/2014).
Professor Titular Universidade Católica de Petrópolis – Engenharia/Mestrado (desde 1991).

Pesquisador responsável pelo Laboratório de Concreto/Estruturas da UCP.

Professor Colaborador do Instituto Militar de Engenharia – IME (desde 2018)

Professor convidado UFRJ – Curso de Pós-graduação em Estruturas Metálicas - 2022

Professor Adjunto da Universidade Federal de Juiz de Fora (1996/98).

Professor Titular da Faculdade de Ciências Humanas de Aracruz – Arquitetura (2001/07).

Professor coordenador do MBE em Gerenciamento e Fiscalização de Obras, Engenharia de Estruturas e Engenharia de Infraestruturas – IPETEC Rio.

Prof. Cursos de Reabilitação de Estruturas de Concreto, Estruturas Protendidas do IBAPE/CREA-ES e SENGE/CREA-RJ.

Professor convidado FAESA – Pós-graduação em Perícias de Engenharia - 2019

Gerente técnico - projetista da ENCOPETRO Engenharia Estrutural e ESEEL – ES Engenharia Estrutural, com mais de 2200 projetos executados (desde 1985).

Consultor técnico da Defesa Civil do Município de Petrópolis – RJ (2004/16).

Obs.: Curriculum acadêmico detalhado – Plataforma Lattes – www.cnpq.br

Experiência Profissional: www.eseelengenharia.com.br ou @grupo_encopetro (instagram)

Impressão e acabamento
Gráfica da Editora Ciência Moderna Ltda.
Tel: (21) 2201-6662